# 豁达是本草 / 心宽是良药

安若素 / 著

中国華僑出版社

**图书在版编目(CIP)数据**

豁达是本草,心宽是良药 / 安若素著.—北京:中国华侨出版社, 2013.7(2021.4重印)

ISBN 978-7-5113-3802-0

Ⅰ.①豁… Ⅱ.①安… Ⅲ.①人生哲学-通俗读物 Ⅳ.①B821-49

中国版本图书馆 CIP 数据核字(2013)第 160935 号

**豁达是本草,心宽是良药**

---

**著　　者** / 安若素
**责任编辑** / 棠　静
**责任校对** / 钱志刚
**经　　销** / 新华书店
**开　　本** / 787 毫米×1092 毫米　1/16　印张/17　字数/238 千字
**印　　刷** / 三河市嵩川印刷有限公司
**版　　次** / 2013年9月第1版　2021年4月第2次印刷
**书　　号** / ISBN 978-7-5113-3802-0
**定　　价** / 48.00 元

---

中国华侨出版社　北京市朝阳区静安里 26 号通成达大厦 3 层　邮编:100028
**法律顾问:陈鹰律师事务所**
编辑部:(010)64443056　64443979
发行部:(010)64443051　传真:(010)64439708
网址:www.oveaschin.com
E-mail:oveaschin@sina.com

# 前言

人生不如意事十之八九。在痛苦、迷茫、沮丧时，我们往往求助于医生或是药物，反而忽略了自身最智慧的心灵疗法——心宽和豁达。豁达是本草，心宽是良药，它能治愈你心灵上的病痛，帮你找回自我，振奋精神，在人生的征途中逢凶化吉、披荆斩棘。

豁达是一种心理行为。性情豁达的人，能表现出一种大度、开朗、宠辱都不在意的淡定。豁达的人对生活充满希望，能够乐观面对遇到的挫折。每个人都在追求豁达，但真正豁达的人只是少数。因为豁达体现的是一个人的修养和境界。

豁达，究其字面意思，是指潇洒开朗。想要做一个胸襟豁达的人，就要乐观处世，怀着一颗感恩的心面对身边的一切。面对人生中的种种不如意，不要自怨自艾、怨天尤人、患得患失，而要能够悦纳人生中的这些不如意，将其作为自己奋进的力量。

心宽者足够淡定，能看淡名和利、成和败、得与失。心宽者还有一颗平常心，因此能遇成败不骄不躁，遇不平不愠不恼，凡事不生气，不抱怨，不忧虑，不冲动，不纠结。心宽如海，才能装得下万物。心宽者有肚量，才能包容，懂得接纳，能自持，能内敛。所以说，要让自己的心胸如海一般广阔，就要不断地锻炼自己的胸怀，心宽则路宽，只有把心变宽，日子才会越过越有生机。

豁达和心宽犹如自我疗愈心灵创伤的一剂灵丹妙药，要炼好这剂良药，就要提高自身的修养，拓宽自己的眼界，培养出一份大气来，在工作生活上乐观通达，在为人处世上宽容大度，在塑造自我上自信坚强，豁达处世，心宽处世。天空没有留下飞鸟的痕迹，但它飞翔过；黑夜没有留下流星的痕迹，但它出现过；烟花没有留下绽放的痕迹，但它灿烂过……

人活在世上，最重要的就是我们自己，身边的一切东西只不过是过眼云烟，金钱和地位都是身外之物。放宽自己的心情，才能找到真实的自我；遇事常宽自己心，才能解脱自己。有些事情也许越想越窄，换一个角度，你就会越想越宽。豁达地面对生活并非难事，只要心存感恩，对世间万物真诚相待，就能做到超然洒脱，豁达心安。

超然是豁达，也是一种理解，一种尊重，一种激励，更是一盏智慧的灯，它轻易地就能照亮千年烦恼的暗室。超然所展现的不是小聪明，而是大智慧，是大彻大悟洞悉过去、现在和未来。只有超然了，方可以坦荡，可以无拘无束，更加无尘无染，更加安然自在。当然，超然并不是无原则地放纵。我们要用超然之心，忍人所不能忍，行人所不能行，容人所不能容，处人所不能处。活在凡尘俗世要看得开，放得下，悟得透，握得住，才能超然洒脱，才能豁然心安。

放松自己的心态，不必太在乎得与失，就会发现生活如此之美好，生活里有许多可以追寻的东西和乐趣。也许在一个地方停留久了，会感到很茫然。常言道：攀得高，摔得狠，不妨放下自己的脚步换一个地方再看，也许你的面前就会出现一片平地。

# 目录

## 上辑 用爱排忧，用情止痛，豁达是本草

生活，如人饮水，冷暖自知，每天我们的心灵都在进行四季的更替。时而炽烈如盛夏，时而冷漠如寒冬，时而萧瑟如深秋。年岁在增长，春暖花开之时越来越少。这一切都是因为我们把世界看得太复杂，把世事看得太悲观，让负面情绪占据了我们的心。只有以豁达的心态面对一切，我们才能在俗世中温暖自己，温暖他人，让心中永远盛开春日的花朵。

### 第一章 干不完的工作，停一停，放松心情

心态轻松时，相信工作总有干完的一天；心态纠结时，认为工作永远干不完。现代人离不开工作，但是常常被工作奴役。对待工作，我们要放松自己的心，以更健康科学的方法去安排，才能以更轻松的态度去应对，停一停，休息之后，工作会更顺利。

## 第二章　达不到的目标，放一放，厚积薄发

人生几多虚浮，要想养出一份大气，做人既要心存高远，更要脚踏实地、不急不躁。枯燥无味时，甘于寂寞；纷繁动乱中，守住清静。心如浩淼的水域波澜不惊，如此还有什么能扰乱我们的心神呢？展望未来，自会苦尽甘来，犹如鲲鹏展翼，扶摇直上。



## 第三章　挣不够的钱财，看一看，身外之物

心宽的人，拿得起也放得下，他们知道身内之物比身外之物更重要。身外之物，我们早晚都要割舍；身内之物，是我们的灵魂、我们的本源，不论身处何地，都能给我们带来安定与喜乐。看一看，放下之后，你得到的是心灵的充盈。

## 第四章　争不到的名誉，让一让，云淡风轻

不追求名利，生活简单朴素，才能显示出自己的志趣；不追求热闹，心境安宁清静，才能达到远大目标。诸葛亮在《诫子书》中这样告诫儿子，也是在告诫了功名碌碌一生的世人。其实，等到将风云看淡之后，你会发现放下了功名才真正做到明志。



## 第五章　理不完的感情，掂一掂，量力而行

生活离不开感情，若不能正确看待它，也会成为心灵的负担。心窄者看“情”，往来的不是礼仪就是债务；心宽者看“情”，重视的是自己或他人的一份心意，感受的是人与人之间那份来之不易的情谊。掂一掂感情，尽力为上，但求无愧。



## 第六章　看不惯的世俗，静一静，顺其自然

在人与人的接触中，有些人、有些事我们无法回避，事业的忙碌，人际的复杂，生活的压力，让我们难免会与周围的人产生摩擦。我们看不惯的事太多太多，有没有想过这只是因为自己太过计较？静一静，你不去想凡尘琐事，谁又能够打扰你？

## 第七章　走不完的前程，缓一缓，漫步人生

生命如一条长路，我们急于赶路，不是走得太快就是走得太累，忘记感受生活、享受生活才是生活真正的意义，甚至忘记了自己的方向。为什么不学着悠然地散步？人生喜悦有时，悲伤有时，风景时时不同，缓一缓，你才能够真正领略生命的丰富与精彩。

下辑

# 内服良药，外敷忠告，心宽是良药

人生在世，我们体会着生老病死，承担着喜怒哀乐，每一天都在为生活奔忙。我们为目标追逐，为现实迷惑，为人情困扰，始终缺少一份闲情逸致，去拈花把酒，笑对风云。换个角度想，为什么我们不可以悠闲地生活？为什么我们始终要逼迫自己？放宽心态，放稳心神，放松心情，让生命重新找回应有的轻松和宁静。

## 第八章 你生气，是因为自己不够大度

常言道：眼里无尘，天地自宽；心若有容，天地自大。烦恼由心而生，就应该由宽心抹去。不要为小事介怀，烦恼不应该是人生的常态。学会以宽容的心态包容生活中的琐事与摩擦，就能告别那个烦恼的自己。

## 第九章 你嫉妒，是因为自己不够优秀

觉得自己远远不及他人时，嫉妒的情绪就会悄然滋生，给心灵投下浓重的阴影，使其不得安宁。其实，每个人都应该着眼于提高自己的能力，与其嫉妒身边的人，不如试着学习，试着超越，打造一个优秀的、让旁人羡慕的自己。



## 第十章 你郁闷，是因为自己不够豁达

生活中，每个人都遇到过这种情况：没来由地心情低落，没道理地丧失信心——这一切都是郁闷所致。对世事，必须有一份豁达的心态，看穿人生的不如意，看透生活的琐碎无奈，才能以平静无波的姿态秀出那个豁达的自己。

## 第十一章　你惆怅，是因为自己不够阳光

有时候，人们很难摆脱阴郁的情绪：当以足够的努力换不来想要的结果；当有梦寐的目标却与他人未站在同一条起跑线；当十足的信念却得不到他人认可……看开这些不如意吧，能让你成功的是开朗坦荡的心态，而不是一个惆怅的自己。



## 第十二章　你悲伤，是因为自己不够坚强

生活中没有一帆风顺，每一天我们都可能面临失去，面临伤感。悲伤的时候，我们要放宽心，认清生命的常态正是有得有失，周而复始。在现实面前，我们要学会勇敢面对。



## 第十三章　你焦虑，是因为自己不够从容

每天早晨醒来，似乎每一件事都值得我们担心焦虑，我们常常心急火燎，始终没有轻松的状态。什么时候我们才能看轻成败，看轻得失？什么时候我们才能学会洒脱，告别焦虑，成就那个从容的自己？

## 第十四章 你悲观，是因为自己不够自信

我们时常觉得自己不幸，是因为看事情太过悲观。悲观者容易自卑，于是不敢去尝试，心中更没有希望，渐渐地，陷入自暴自弃的陷阱。把心打开，让乐观的阳光照射进来，试着换个角度想问题，你就不难发现，原来世界如此简单。

# 上辑

## 用爱排忧，用情止痛，豁达是本草

生活，如人饮水，冷暖自知，每天我们的心灵都在进行四季的更替。时而炽烈如盛夏，时而冷漠如寒冬，时而萧瑟如深秋。年岁在增长，春暖花开之时越来越少。这一切都是因为我们把世界看得太复杂，把世事看得太悲观，让负面情绪占据了我们的心。只有以豁达的心态面对一切，我们才能在俗世中温暖自己，温暖他人，让心中永远盛开春日的花朵。

# 第一章

# 干不完的工作，停一停，放松心情

心态轻松时，相信工作总有干完的一天；心态纠结时，认为工作永远干不完。现代人离不开工作，但是常常被工作奴役。对待工作，我们要放松自己的心，以更健康科学的方法去安排，才能以更轻松的态度去应对，停一停，休息之后，工作会更顺利。

## *01* 别让忙碌“绑架”了自己的生活

即使做个“猎人”，也要从容地“捕猎”。

走在人潮汹涌的街道上，你会发现每个步履匆匆的人，表情都如此相似：他们紧皱眉头，一边赶时间一边思考问题，抿起的嘴唇透露不出丝毫快乐，他们像被什么东西追赶着、逼迫着，只能沿着既定的道路日复一日地行走。你是不是也是“猎物大军”的一员？

自从应聘到一家出版社工作后，吕先生就一直是个“拼命三郎”：他每天的时间被稿件、传真、合同以及各种方案充塞得满满的，生活就像上足了弦的发条一样，即使是在周末他也会加班熬夜。妻子总劝他要惜福养身，他只能苦笑说：“房贷要还，孩子以后的教育费用要存，怎么养身？”妻子说：“别人家的房贷都能按期还，孩子也都去留学了，怎么没见他们像你这么累？”

吕先生不听，依然每天去赶那些永远赶不完的工作。因为太累了，吕先生竟然在一天早晨晕倒在众人面前。可就在卧床休息的几天里，他仍然在床上不分日夜地赶稿子；外派工作时，他一连几天忙着走访市场，顾不上吃饭睡觉……

吕先生就像在跑步机上行走的人，从来不曾停歇过，总是脚步匆匆、马不停蹄。终于有一天，生命的传送带还在继续运转，而前进的齿轮却坏了——吕先生彻底崩溃了，他因大出血而住院。治疗期间，他对医生倾诉自己的烦恼：“我时时刻刻都像是在和别人赛跑一样，每一天都是紧张兮兮的，我感到越来越累！有时候我甚至觉得像是有人拿枪对准我的头部，必须要立刻做这做那，否则就要开枪！”医生无奈地说：“没有人拿着枪逼你，是你把自己当成了猎物，身心都处在‘猎物状态’，身体怎么可能好！”

小的时候，我们认为自己是生活的主人，一切事都可以自己做主，可是，我们不得不听从爸爸妈妈的教导，不得不遵照老师和长辈的指示，我们常常觉得不自由，盼望自己尽快长大，能够按照想要的方式生活。在我们的想象中，那种生活惬意美好，每一天都有舒心的事，即使辛苦也会觉得在为自己生活。

长大后，我们发现世事并非如此，我们的生活已经被“绑架”了：我们每天都强迫自己做大量的工作，思考越来越多的问题，我们的所有时间都在围着工作这个中心，甚至在娱乐的时候，想起工作上的烦心事，笑脸也会越来越僵硬。我们就像上文故事中的吕先生，成了工作的猎物、生活的猎物，随时战战兢兢，害怕下一秒就会有一声“枪响”。

这是典型的压力过重产生的危机意识，已经没有人在你耳边说“你不工作就会如何如何”，你却对自己不停灌输：“不工作的话后果很严重。”有多严重呢？脑子里会自动播放“失业”、“破产”甚至妻离子散等画面，等到这些念头根深蒂固，你就彻底地进入“猎物状态”，而那个持枪的人不是别人，就是你自己。

但是，你真的觉得不停地工作生活才能有保证吗？这种想法是否也有偏差？有没有一种折中的方法，兼顾身心两方面，既能赚钱，又不损害心情和健康？有人说这简直是痴人说梦。但是，实际生活中，并不是没有这样的例子。

在众人眼中，孙先生是一位名副其实的成功者。当他的老同学还在为饭碗苦苦挣扎时，他已顺利地完成了由初级白领到高级白领到金领的过渡。事业和爱情一样不缺，而最让人羡慕的是，这一切似乎他并没有像有些人那样牺牲健康和情趣孜孜以求，而是在从容淡定间尽收囊中了。

每个人都想知道孙先生成功的秘诀，他说，其实挺简单，就是每天早出门半小时。

孙先生刚参加工作时，和许多人一样，总觉得手头的事情做不完，业余爱好也丢了，人疲乏得要命，到头来还没收到好的效果。他总是为干不完的工作发愁，直到有一天，做了一辈子管理工作的姑姑对他说：“你能不能试一试，每天早出门半个小时？”孙先生对姑姑的话并未十分理解，但出于对姑姑的信任，他决定试一试。

第二天起，他开始比正常时间早半个小时出门。当他走到公共汽车站时，发现等车的人不多，到车上，又发现有许多空位，比平时惬意多了。而且，由于还没到上班高峰期，路上的交通也没出现堵塞，很快就到了他的目的地。坐在车上时，他就把一天的工作理了个头绪。进到办公室后，同事们还没来，他在空旷的办公室里伸展了一下手脚，而后开始听一段音乐。

当同事们匆匆忙忙地打卡、手忙脚乱地开抽屉时，他的面前已放好了需整理的材料，并泡好了一杯热茶。接下来的工作是有条不紊的。往往不到中午的下班时间，他上午的工作计划就提前完成了。那么在剩下的时间里，他会憧憬一下午餐的丰富内容，并考虑午休时是和男同事们一起打打球呢，还是陪女同事去逛逛楼下商店——这些想法的确都让人愉快。

悠闲的午休结束后，下午的工作又开始了。由于早上在车上已有打算，头绪清楚，下午的工作又很顺手。下班铃声响之前，他把一天的工作小结了一下，看看有没有遗漏的或不周到的地方。如有赶快弥补，决不拖到下班后，占用属于自己的享乐时间。

这样，到下班时，当有些人还在手忙脚乱地忙乎，另一些人在疲惫不堪地打着哈欠时，他还是那样地神清气爽。没理由不高兴啊，工作完成了，家里还有妈妈做的丰盛晚餐等着，晚上还能看到电视上的好节目呢！——靠着这份轻松的心境，孙先生节节高升，他觉得所有事都在他的意料之中！

与其当猎物，不如当猎手，用更多的时间休整自己，上好子弹，从容不迫地靠近自己的猎物。一旦有了“猎手心态”，你的生活重心就不再是“应付”，而是“准备”，你会从被动者变为主动者。位置一旦不同，你就会感觉到居高临下的快意，更有精神应对生活的考验。

调整身心，有时候只需要几个简单的改变，例如早半小时走出家门，多半小时外出散步，每晚阅读半个小时……每个人都能找到适合自己的方式，只要每天抽出一小段时间，你就能调整生活的内容，让忙碌与休闲保持在一定的比例，保持一种平衡，让你身心舒畅。

也许你又要说你有多么忙，如果不能争分夺秒去做事，你将达不到自己的目标，其实，你的心胸应该再宽一点，不要犯“急功近利”的毛病。要知道“水到渠成”才是最完美的成功，凡事做好万全的准备，总能从容地享受胜利的果实。但如果只在一时拼命，抢到机会，就会发现自己的“硬件配置”根本没跟上，抢到新开发的“软件”也没法用，抢也白抢。

重新走在大街上，要记得昂首挺胸，当个从容的“猎人”，而不是埋头皱眉，一副将要被击毙的“猎物”模样。要记得，好运总是眷顾有准备、有自信的人。

## *02* 把握好生命的节奏

一张一弛，文武之道。

生命的乐章，要有高音，有低音，有急促，有缓和，才能奏成优美的旋律。而我们的身体，就像演奏歌曲的乐器，需要精心呵护，才能完成乐章的谱写。

古语说：“一张一弛，文武之道。”把握好“张”与“弛”，就是让生命保持一个理想的状态，动若脱兔，静若处子，既有挥汗如雨的奔跑，也有闲情雅致的散步。

苏玲生日的时候，心情十分低落，她前几天刚刚被老总炒鱿鱼。想到两年多兢兢业业地工作，落得被淘汰的下场，苏玲对自己的能力产生了怀疑。她已经打好了新的简历，却迟迟没有投递，她不知道下一个工作是什么，会不会还是这样的结局。

几天来，她一直在翻两年来写的“工作日记”，想从自己签下的每一份合同中找出一点什么，自己不是数一数二的业务人才，但也不差，每份合同都很认真，客户也表示满意。为什么老总会对她有意见？正想着，她的闺密青打来电话，苏玲心里一酸，开始跟闺密诉苦。

“今天是你生日，明天又是周末，我特意订了两张票，请你去泡温泉。”青说。

“我哪里有心思泡温泉！”苏玲说，“我快烦死了！你快帮我分析分析！”

“你工作的时候，每次我找你出去，你都说‘我哪有心思’；现在你离职了，竟然还跟我说‘没有心思’！你还要被工作烦多久？”青不客气地说，“就是因为你整天都为工作发愁，总觉得事情没做完、没做好，导致思维越来越迟钝，你的老板才会炒掉你！老板最喜欢的是那些充满活力、不断开拓的员工，如果你继续被工作压着，愁眉苦脸，下一个工作，你同样做不到最好！”苏玲默默地听着青的话，她觉得这些话很有道理，但又知道以自己的个性，实施起来很难，可是，再难也要试一试，也许真的能得到新的机会。

苏玲和青出门玩了三天，回来后开始找新工作。她并不着急，每天参加一两个面试，闲下来的时候就做做面膜，看着衣橱里的衣服思考如何搭配，邀朋友打羽毛球，还把黑框眼镜换成了隐形镜片，她觉得心情越来越好。一个月后，她轻松自信地得到了一家外企的“橄榄枝”。

俗话说“磨刀不误砍柴工”，每个人都要注意休息和休闲，休息并不是浪费时间，更不是偷懒，休闲更不是工作的敌人。会休息的人才能更好地工作，才能有好的心情享受生活，否则，他们只能把生活兑换为一连串的工作和烦恼，堆积在前方道路上，看着就没有勇气走过去，何况是冲刺？

英国首相丘吉尔是一位“休息大师”，即使每天工作16个小时，他也依然能保持旺盛的精力。不要以为伟人是铁人、是超人，丘吉尔也是个有血有肉的普通人，只不过他比常人更注重劳逸结合，他有地方坐就决不站着，有地方躺就决不坐着，所以，他直到八九十岁依然保持着清醒的头脑和旺盛的精力。

1986年，意大利人Carlo Petrini推动了一项全新的运动：慢食运动。他提倡要以慢慢吃为开始，以提醒生活在高速发展时代的人们，请慢下来，留心身边的美好。在这之后，“慢食”风潮从欧洲开始席卷全球，千万个欧美人通过放慢进食速度，来享受与家人共处的感觉。因为这项运动，发展出一系列的“慢生活”方式。

2005年秋季，意大利人贡蒂贾尼成立了“慢生活艺术”组织，并倡议设立“世界慢生活日”，也称全球慢生活日。

2007年2月19日，在第一个“世界慢生活日”里，贡蒂贾尼和其他组织成员装扮成警察，来到米兰中心广场，向行色匆匆的路人开出自制“超速罚单”。当天的“超速罚单”共发出了500张，人们拿着这张罚单，露出会意的微笑。

在第二个“世界慢生活日”，类似的活动在美国纽约联合广场上举行。贡蒂贾尼回忆说：“纽约人收到我们的‘罚单’后说，愿意加入我们，放缓生活节奏。”

在第三个“世界慢生活日”，贡蒂贾尼和同伴出现在日本东京，戴上了自制的意大利警察帽，向行人发放传单，并对走路太快的人开“罚单”。他们倡议人们减慢生活节奏，因为“慢生活，才快乐”。

第四个“世界慢生活日”，在意大利，人们庆祝了世界“慢日”。当天，意大利许多城市的民众可以享受到免费的公共交通，政府还在街头组织诗歌朗诵比赛，人们甚至可以尝试免费的瑜伽和太极练习。同时还对那些步伐过快的人予以“模拟”处罚。

清代张潮《幽梦影》中有一段话：“人生之乐莫于闲，闲非无所事事也。闲者能读书，闲者能游名胜。”提倡休闲，并不是提倡无所事事，而是要把休闲与忙碌当作一个整体，休息时也要做好忙碌的心理准备；繁忙时要懂得偷闲。

当所有人都在忙碌的时候，你让自己慢下来，是不是“逆潮流而动”，会不会被人落在后面？不要担心，凡事都要用效率说话。不信，你试着过一段时间的“慢生活”，先定下目标，在这段时间里劳逸结合，看看自己是否能如期完成，还觉得轻松？相信你会初步体会到休闲的妙处，就像一个惯于奔跑的人，体会到散步的悠闲和自在。

慢下来吧，我们的生活已经太快，我们的生命早已超出了负荷，如果再不懂得休养，身体和心灵都会以各种方式向你抗议。你会把你的努力换成疾病、抑郁和各种力不从心，最后耽误自己的理想实现。外面的阳光那样好，风景那样好，快出去散个步，让身心休息一下吧！

## 03 留点空闲给自己

真正的惬意，在于一种悠然宁静的境界。

“采菊东篱下，悠然见南山。”千百年来，人们一直向往陶渊明所描述的悠然境界，那种心灵的空明，生命的松弛，让每一个生活在重压之下的人们心生向往。但其实，陶渊明同样有“戴月荷锄归”这样的诗句，说明他也要面对每一天的生存压力，只是他的心态够好，心胸够宽，才诗话了苦难，把生活当作一种艺术，让人神往。

一位男人来到心理诊所，对医生说：“医生，我每天都在失眠，我已经不记得睡个好觉是什么滋味了。我每天都到快天亮的时候才能睡着，几个小时后稀里糊涂地起床继续去工作，请你帮帮我，我到底该怎么办?”

医生说：“这位先生，这不是什么大事。告诉我，你的工作忙吗?”

“忙！我连吃饭睡觉都想着工作！”男人说。

医生说：“哦，这就是你失眠的原因，你的压力太大了！我们应该从睡眠质量开始，解决这个问题。今天睡觉的时候，你就不停地数绵羊，快速催眠自己。”

第二天，男人带着黑眼圈来见医生，医生问：“你又失眠了？怎么，难道你没有数绵羊?”男人说：“我数了，一共数了五千只，然后开始剪羊毛，开始烫羊毛，送到货船上，和纺织厂签合同，然后大赚一笔买了更多的羊！我越想越兴奋，所以根本睡不着！”

面对工作，你是不是经常有这样的感觉？工作永远做不完，不论你做得多快，都会有更多的任务在前方等着你。当工作像大军一样向你开进，你真的要一分钟不停歇地应付它们，准备为你的老板“鞠躬尽瘁”到过劳死吗？

有人把“忙碌”和“上进”画上等号，认为时代发展太快，日新月异，一不小心就会落在别人后面。但是，工作就是学习吗？有多少工作是机械地重复，并不能提高多少自身的能力？这些机械的工作又能给你带来多少欢乐？

来算一笔经济账吧，加班的加班费一个小时假设是 50 元，每天加 3 个小时是 150 元，一个月加班 20 个工作日，就是 3000 元。但是，这也意味着你付出了 60 个小时，如果这些时间你去报一个英语班，提高自己的水平，去别的单位找一份同样类型的工作，你一个月的薪水提高的肯定不止是 3000 元，而是它的几倍。很多人眼界不够宽，看到一时的收入，失去了长久的打算，这就是为什么有些人很轻松地赚钱，有些人只能拿苦哈哈的工资。

神在造人的时候，曾经造了三种截然不同的人。他曾经问这三种人：“我会给你们生命，你们会如何对待它？”

第一种人说：“我会珍惜来之不易的生命，最大限度地享受生活，尽量远离劳累，一定要把每一天都用享乐填满，这样才不会辜负生命！”

第二种人说：“我将把责任视为生命的全部，我将尽最大努力学习、工作，把我的精力奉献给他人与社会，直到生命最后一刻。”

第三种人说：“生命是宝贵的，我一定不辜负您的美意，我将用一半的时间工作，回馈社会与身边的亲友；还要用一半的时间享受欢乐，领略人世的美好。”

听了他们的话，神觉得第三种人最符合他的理想，决定多造一些……

看来，在神灵眼中，生命要有“享受”这一部分，而不只是把自己奉献一空，这才是最合理的生存方式。只有这种方式，才能让身心达到一种协调，不会太累，也不会一无所成。也可以看出，工作固然重要，但它只需要一定的比例，而不是填满所有时间。

干脆利落地做完你的工作，尽量缩短工作时间，是对自己的爱护。适量的工作不仅能给你带来足够的薪水，还有良好的心态，健康的身体，放松的环境。一定要努力达到这个标准，而不是拼命拼命再拼命，工作工作再工作。

人生应该追求一种悠然的境界。这种境界首先要把心灵扩充一下，心里不要只装着工作，你应该装更多的东西，例如多姿多彩的风景，五味杂陈的情感，生活中的种种感悟，生命中的种种尝试。

工作，支撑着你的生存，而有些东西，却支撑着你的心灵。让心灵更加坚强，更加丰富，更加有热情。每一天都不要把自己填满，让自己能够悠闲一点。或者说，每一天都应该把自己填满，用各种各样的东西，让生活更加丰富自在。

## *04* 休闲时，就让闹铃“消音”吧

无论工作多忙，都要懂计划，懂调节。

人们常说，毁掉一首歌的办法就是把它设为闹铃，即使再好听的歌，如果在一天的各个时段反复响起，那甜美的旋律也会变成刺激脑膜的魔音，让人恨不得这辈子都不要再听到。有些时候，你需要给闹铃放个假，让它们和你一样，歇一歇筋骨，养一养精神。

天天的奶奶从23岁开始，就是一位专职太太。这么多年来，她需要照顾全家人的起居饮食，负责买菜、煮饭、洗衣、打扫房间、带孩子等家常琐事。她总是暗示自己：情况紧急，必须立即做完每一件事。她从早到晚忙得腰酸背疼，却总有做不完的事，心情抑郁无比。10岁的天天觉得奶奶太累了，劝了很多次，奶奶却总说："我有很多事要做!"

一个雨天，天天放学回家后，把雨伞和鞋子放在门后，坐到沙发上，打开了电视机。"哦，天啊，你看你做了什么，地板上好多水渍，我要赶快把它擦干净!"奶奶从厨房走出来，就要冲向门后。天天说："奶奶，休息一下吧，外面还在下雨，爸爸妈妈他们一会儿就回来了，到时候他们还是会把那里踩得一塌糊涂。待会儿再做这些事情不会影响什么的，现在您可以陪我照顾我的花儿吗?"

"天啊，还有那么多活要做呢，我哪有时间陪你?"奶奶无奈地耸耸肩，但看到天天乞求的眼光，她还是陪孙女给阳台上的花儿浇水、松土等。直到家人都回家了，大家又坐在一起吃饭、聊天，然后奶奶才去稍稍打扫了一下房间，接着就去睡觉了。

躺在床上的奶奶感到从没有过的快乐，好像以前那些做不完的家务活都变轻松了，一切都变得不一样了，到底什么改变了呢？她也不知道，但是，天天从此有了一个不再那么匆匆忙忙、每天都带着平静笑容的奶奶。

现代社会，我们总是活得很焦急，害怕自己耽误事情，不断给自己设闹铃，音乐响了，各种提醒响了，告诉我们还有那么多事要去做。就像故事中的老奶奶，不断对自己说："我哪有时间，我还有那么多活要做。"我们设下的闹铃，不是提醒我们注意时间，而是在告诉我们：你没有任何多余时间，包括睡觉。

是不是思维方向错了呢？我们总在不停地对自己说“工作做不完”，事实上，再麻烦、再繁重的工作总有做完的一天，从无例外。既然如此，为什么要在工作的时候给自己无谓的心理压力？这种暗示并不能给自己带来好处，只会带来暴躁、担忧、沮丧、低效率。

在同样情况下，懂得调节身心的人和只会给自己增加心理压力的人，状态完全不一样。前者会对自己说：“这些工作只要按照计划去做，很快就能做完，不要着急。”后者却会大叫：“没时间了！做不完了！”于是，前者有条不紊地做着计划的事，后者手忙脚乱，还经常被突来的事件打断。哪一个效率更高？明眼的你可以一目了然。

不要活得那么焦急，要给自己轻松的暗示，而不是和闹铃一起催自己。但轻松的心态不代表拖沓，更不代表你可以对自己说：“反正还有明天，明天再做。”这会让你的工作堆积如山，让你在终于定下心神工作的时候，发现这一次工作真的“做不完了”。

凯萨琳毕业后，进入一家著名的化妆品公司工作。在面试的时候，她就为她的上司——莎朗女士的魅力所倾倒。据说莎朗女士已经有40岁，但她看上去年轻美丽，她说话做事很干练，但又与一般的女强人不同，她的身上散发着一种闲适的气息，让人轻松。

莎朗女士负责新人培训，她给新加入公司的职员们上的第一课不是如何遵守公司规则，如何做一个销售员，而是作为一个人，应该如何享受自己的生命。莎朗女士说她每个星期都有时间去美容、逛街、看电影，这在和她相同位置的人看来，是件不可能的事，但她做到了。

她的秘诀是安排好时间，并且明确地规定每周需要休息的时间，除了睡觉，每周都要有固定的阅读、听音乐、运动、休闲，并把这些事写入计划，和工作一样排入日程。这样做可以使自己在工作的时候心无旁骛，精神百倍，保持高效率。

“越是逼迫自己，压力就越大；相反，一个懂得爱护自己，享受生活的人，更懂得如何高效率地创造价值，这才是我们公司需要的员工。”莎朗女士说。

那么，如何既保持身心的轻松，又能按时完成工作？这就需要懂得如何计划。一份有条不紊的计划，能让你陡然增加很多时间，减少不必要的行程，把浪费控制在“零状态”。计划带来效率，计划让你把精力放在最重要的地方，而不是瞎忙一场，劳累不堪，毫无结果。

要记住，定计划有两个目的，一个是为了更有效率地工作，一个是为了更有效率地休闲。不要把你的日程表排得满满当当，要预留出休息的时间，娱乐的时间，游玩的时间，与亲友相处的时间。如果这一周你恰巧忙得不可开交，那么可以把这些时间叠加，例如与亲友一起游玩，但是，这些时间必不可少。

也许你认为这种预留太过小题大做，太过死板。可是别忘记，人一旦工作起来，就恨不得把所有时间都放在工作上，因为在工作和休闲之间二取其一，绝大多数人都会选择能够带来金钱的工作，这时候，你就需要“强制”自己休息。等到身心都进入到了“工作——休闲——工作”的良性循环，才结束这种“强制”。

在休闲的时候，一定要让你的闹铃彻底“消音”，不要让它来打扰你的兴致，提醒你还有多少事要完成。当你按下那个闹钟，心里的那阵轻快感觉，就是你迫切需要的东西。工作虽然多，只要懂计划、懂调节，总有做完的一天。在工作的同时一定要享受生活，不然，我们不是在节约时间，而是在浪费宝贵的生命。

## *05* 善待自己，将工作关在家门外

家和办公室，二者不能混淆。

上了发条的钟表不能永远嘀嘀嗒嗒，加足汽油的汽车不能永远马力十足，长久被压的弹簧没法一直保持弹性……万事万物，都有一个承受限度，一旦超过这个限度，就会失去最佳状态，有时候甚至永远失去最佳状态。而这个状态，只能靠自己来维护。

汤姆先生出了公司，司机已经为他打开车门。现在是晚上九点半，他马上就要回家。回家后，他还需要看至少二十份合同，打三个电话。他的秘书在车上向他说这些日程安排的时候，他感到一阵疲惫。

回到家后，厨子已经做好了营养美味的晚餐，他匆匆忙忙地吃掉，感觉和吃商务餐并没有多大区别。然后，他火速进入书房，继续工作。他看了一下墙上的时钟，也许在半夜一点之前，他可以将这些事做完，然后睡上一觉。

他一眼瞥向墙边的大书架，上面的书已经落满了灰尘，他根本没有时间来阅读。他觉得这里并不是他的家，而是另一个办公室。即使休息日，秘书也会把文件送进这间书房，他的生活就是工作、工作、工作……

在汤姆先生的家里，没有吃饭的乐趣、阅读的乐趣、休闲的乐趣，一切

都与他在公司一样，紧张忙碌，神经丝毫不能放松，可以说，他的家已经变成了“二号办公室”，在家和在公司，没有什么本质上的区别。随着交通和网络的普及，越来越多的人喜欢把工作带到家里去做，以为这样会让自己更轻松，但是，他们真的轻松了吗？

办公室和家必须截然分开。办公室是工作的地方，秩序井然，就连茶杯的摆放都有一定的规矩，为的是最大限度地集中你的精力，提高你的效率；家呢，是休闲的地方，你可以随意摆放自己的物品，因为不必担心没有时间寻找它们，甚至让它乱一些，也有舒适的味道。你可以躺在沙发上看电视，窝在床上打游戏、吃饭，总之，一切让你觉得轻松的事，你都可以随意去做。

如果把二者混淆，肯定会带来混乱。窝在沙发里读文件是电视上才有的事，在现实生活中，你能这样懒懒散散地读文件吗？不怕一眼看差吗？所以即使把工作带回家，你也一样要坐在桌子前聚精会神，还会因为一会儿喝点水，一会儿玩点什么，耽误了你的效率，最后的结果就是延长了工作时间，还不如在公司把事情全做完，回来完全享受家的氛围。

史先生回到家，突然发现今天家里的气氛不太一样，他没看到儿子大喊大叫地在客厅里玩游戏，也没看到妻子在电视机前织毛衣，饭桌上倒是放着他的晚饭，只有他一个人的份儿。他喊妻子的名字，妻子的声音从书房传来：“我在加班！”接着儿子的房间也传来声音：“我在学习！我们都吃过饭了！”

怪异的感觉一直持续，进了书房，史先生习惯性地从公文包里拿出文件，妻子埋头在她的教案里，史先生说：“这么晚了，你怎么还在工作？”妻子说：“这有什么不好？我可以陪你加班，咱们的孩子也说今晚要看书看到十一点。”

“等等，你们不需要这么做吧?”史先生问，他的妻子工作轻松，孩子成绩优异，完全没理由这么“用功”。

“你的业绩也很好，不也每天把工作带到家里来?”妻子说。

史先生终于明白问题所在，他的妻子和孩子一直对他没完没了地加班有意见，劝了很多次都没用，这一回，他们干脆用行动来向他抗议。史先生无奈地说：“我和你们不一样……”妻子说：“有什么不一样？难道我们没有要做的事吗？是你自己太紧张，不敢放下工作。工作永远做不完，你再这样下去一定会累出事来。每天回家还在为工作心烦，搞得我们也休息不好，你再不检讨一下，我们只好向你学习!”

面对妻子孩子的“攻势”，史先生只能投降，保证以后尽量不把工作带回家……

很多人喜欢在家里加班，白天在公司忙，晚上和周六、周日在家里忙，然后抽点时间休息一下，这同样是把家变成了第二办公室，区别是这个办公室里多了一张床。更糟的是，你加班，你的家人也会跟你一样陷入“加班状态”，因你的紧张而紧张，因你的忙碌而忙碌，于是你不但影响了自己的休息，还让家人不得安生。

每个人都要学会给自己一个不加班的理由，这是生活中必须做到的事。多给自己留出一些时间，做自己感兴趣的事，与亲朋好友沟通，发展自己的兴趣爱好，都可以让自己对生活充满热情。工作应该关在家门外，家，应该是一个与工作隔绝的地方，里边只有轻松，只有愉快，只有浓浓的亲情，经营好这个避风港，你才觉得自己的心灵有永远的归宿。

## 06 不必向不值得的人证明什么

你的能力，只需要向自己证明。

对于未来，每个人都有自己的计划。现代人最大的问题，也许是他们太急切地想要证明自己，所以才会忙得像个不停转的陀螺。但是，即使你证明了，得到的不过是旁人的一声称赞。这句称赞，真的值得你打乱自己的安排吗？

阿亮最烦的，就是每周末需要回家一趟。妈妈做的饭当然比公司食堂做得好吃，但想到妈妈的唠叨，他就恨不得周末一直加班，不要回家才好。

阿亮妈妈最大的问题，就是总喜欢念叨自己的儿子"没出息"。这也难怪，阿亮家亲戚多，七大姑八大姨，孩子们的年龄差不多，于是隔三差五，阿亮妈妈就听说哪家的孩子考上了研究生，哪家孩子在国外找到了工作，哪家孩子升职加薪，哪家孩子自己开了公司……当别人带着炫耀的语气说到自家的孩子，总会略带骄傲地问一句："你家阿亮怎么样啊？"阿亮妈妈有火没地方发，只好每周抓住自己的儿子唠叨。

其实，阿亮的工作不算差，他毕业就进了一个电脑公司做程序员，月薪也不低。但是，程序员这个职业不但讲创意，还要讲经验和资历，随着年头的增长，薪水自然会越来越高。偏偏阿亮妈妈只盯着眼前，这样一来，阿亮自然比不上别人。

在妈妈的唠叨下，阿亮也开始为自己的前程发愁，他也开始考虑要不要换个行业。幸好他的上司及时制止了他的这个想法，上司的意思是：“你工作是为了自己将来的生活，不是你妈妈的面子，怎么能沉不住气，说改行就改行?”阿亮这才定下心，从此不管妈妈怎么唠叨，都一心一意做自己的程序员，他相信，过上几年，他也会有所成就。

其实，你的能力，只需要向自己证明，何必在乎别人的看法？就算别人说你没出息，你难道真的没出息？很多人不停地工作，不是因为自己不想休息，而是别人让他工作，他看到别人在工作，他想做别人在做的工作……总之，全和“别人”有关。

这种心态，产生了一种不利于个人发展的情况，就是人们迫不及待地追求与自己能力不相称的东西，造成了急功近利。但仔细想想，那些说你的人就算是至亲，未来依旧是你自己的，理应由你自己来计划，为什么要为了他们，去做那些暂时不能胜任的事，没有为自己留下后退的余地、冲刺的空间，导致自己处于被动的局面呢?

李小姐和刘小姐是校友，同时进入一家公司。两个人在学校的时候虽不熟识，但听说过彼此，印象还不错。到了一个公司后，更觉得说话投机，于是成了好朋友，一起学习，一起工作，互相切磋和鼓励，双方都觉得认识对方是种幸运。

李小姐是个急性子，她每天都在努力工作，恨不得一天就完成三天的工作量；刘小姐却总是慢条斯理。李小姐看不下去她的“稳当”，经常给她上课，说：“咱们刚进入公司，什么事都要争取表现，那么多人看着咱们，怎么能不努力呢?”

“我没有不努力，但是，也没必要太过急躁，我们还只是新人而已。”刘小姐说。

不管李小姐如何催促，刘小姐还是不紧不慢，按照自己的步调工作、休息，和整天忙忙碌碌的李小姐形成鲜明对比。没想到年底的时候，刘小姐的业绩竟然不比李小姐差，综合评分甚至比李小姐还高。

李小姐是个爽快的直性子，不由得对刘小姐充满敬意，刘小姐说："我就是这样，从来不会因为别人改变自己的步调。如果你能沉下心，你一定能比我做得更好。"

按部就班是一个好习惯。制定一个计划，制定基本的步骤，只要一步一个脚印地走下去，不但学到了知识，也能达到目标，还能让自己处于轻松与紧张交替的平衡状态。可以说，职场中人，按部就班者常常是最后的赢家。

按部就班的人从不慌张，你能够明显感觉到他们的"停顿"，他们不理会旁人的言语，只走自己认定的路。这需要强大的自信和控制力，也许此时的我们还不具备，但至少要向这个方向努力，首先将他人说的话扔到脑后，不要生活在他人的目光中。

退一步讲，对他人的话，不论是揶揄也好、讽刺也罢、鼓励也好，你听在耳里，也可以放在心里，但不用没事就翻出来想想。真要翻的话，也要翻一些能让自己开心，或者能鼓励自己奋进的事。不要为了一些不值得的人，花费你的精力思考，甚至还要生上一肚子气。要知道，你就是你，只有你自己才能决定此刻的状况，才能决定未来的方向。

# 第二章
# 达不到的目标，放一放，厚积薄发

人生几多虚浮，要想养出一份大气，做人既要心存高远，更要脚踏实地、不急不躁。枯燥无味时，甘于寂寞；纷繁动乱中，守住清静。心如浩淼的水域波澜不惊，如此还有什么能扰乱我们的心神呢？展望未来，自会苦尽甘来，犹如鲲鹏展翼，扶摇直上。

## *01* 熬是一种能力，更是一种境界

在“熬”中增强心智，练就忍耐、沉稳与坚韧，也就养出了一份大气。

有人说，人生像一碗粥，需要慢火慢熬；有人说，人生是一碗汤，需要小火慢熬；也有人说，人生如苦药，需要文火慢熬。无论把人生比喻成什么，它都是一种经历，用漫长的时间去经历，这就是“熬”。

“熬”字本身就是“难”字，就是“慢”字，就是“忍”字。在这个漫长的过程中，很多人会在其中彷徨不已、焦躁不安，“今天很残酷，明天更

残酷，后天很美好，很多人都倒在黎明前”，一句话道破了“熬”的难度。

不过，人生本身就是一种修炼的过程，急火烧开慢火熬，武火煮开文火炖。“熬至滴水成珠，本身对人生来说就是一个美妙的景象，是一个美好的修炼过程。”这是作家池莉在散文集《熬至滴水成珠》中的一句话。

的确，人生是熬出来的，无论人生如何艰难，我们都要像熬药、熬粥、熬汤那样慢慢地熬、耐心地过。熬是一种能力。“熬”的过程可以增强我们的心智，练就忍耐、沉稳与坚韧，熬比坚持更让人佩服，没有一份大气做后盾是很难做到的。

来看看丹·波特带领Omgpop走向成功的故事就知道了。

2006年之前，有一个名为I´m in Like With You的网站，这是一个供用户交流和玩游戏的社交网络，用户们可以在这里发布聚会和八卦消息。后来，美国人查尔斯·福尔曼将该网站转型为专业的游戏站点，改名为“Omgpop”，并聘用朋友丹·波特为Omgpop的首席执行官。

尽管公司位于时尚之都纽约，尽管福尔曼和波特非常年轻，但成立6年中，Omgpop公司一共融资1700万美元，开发了35款游戏，但是他们的运气似乎总是差了一点儿，这个游戏网站没能获得主流用户的认可。与公司的前期投入相比，公司收回来的涓涓细流简直就是杯水车薪，只能在不温不火、垂死挣扎中匍匐前进。

眼看公司很可能被迫倒闭，福尔曼离开了Omgpop另谋发展，波特则选择继续留在公司，他组织起一个5人团队，每天进行游戏研究，他甚至走在街上、待在家中都在思索如何才能开发出一个好游戏。后来，看到儿子和朋友来回抛接球100次而没有落地，波特突然有了一个开发灵感。

根据这个创意，波特开发出了一款名为《你画我猜》（Draw Something）

的游戏。3个星期之后，这款游戏跃升到50多个国家在付费游戏、免费应用、付费应用等应用分类的首位。今天《你画我猜》的下载量已经达到了1000万次，每天有600多万的活跃用户，Omgpop也因此而摆脱多年的低迷状态并起死回生。

后来，谈及自己获得成功的原因时，波特不无感慨地回答道："游戏行业就是这样，有时即便你投入了大量的资金，也可能不会有什么成效，这就需要我们有钢铁般的意志，耐得住漫长的等待和煎熬。对于Omgpop，年龄所带来的经验正是其获胜的优势之一，很高兴我们坚持下来了。"

如此，我们可以看出，"熬"的过程的确是痛苦的，但它却是锻造意志力最直接的途径、打造成功最有效的方式。只有内心怀有一份大气，才能熬得住寂寞的艰辛，熬得住苦难的沉重，才能撑得起辉煌的未来。

一个"熬"字，多少时光岁月流转，多少点滴琐碎。熬是一种能力，更是一种境界——无畏而淡定，宁静而致远，它能将汗水熬成一座金杯，能将生命熬至永恒……把人生这一锅粥熬出精华，最是滋养，最是丰厚，最有余味。

人生是慢慢熬出来的，奥地利诗人里尔克说过一句话："挺住就是一切。"这和"熬"的意思差不多，但是"挺"字远没有"熬"那么传神，其实这一句也可以翻译成"熬住就是一切"。尽下心中五谷，熬出人生百味。

## 02 守住定力，摒弃心浮气躁

秉烛求索不觉晚，折得奇花三两枝。

古人云：心浮则气必躁，气躁则神难凝。浮躁，是人生的天敌。一个浮躁的人，必然缺乏凝神聚魂的定力，缺乏拼杀搏击的勇猛。心生浮躁之气，心神不宁、躁气附身，如此坐立难安，哪还有谋事之心、立业之志？

比如，一些做学问的人不愿沉下心搞研究，盼着买到一张百万彩票，撞上天上掉馅饼的美事；当作家的不甘心、不愿意孤独地埋头写作，希望能侥幸一夜之间成为名人；一些女人盼着嫁个有钱人，少走些弯路，能够轻易地享受荣华富贵的生活……

可见，浮躁是一种虚浮的心理状态，人一旦心不稳、气不沉，就会被社会的急流所裹挟，变得盲目、浅薄和暴躁，结果只能是失去自我、本我和真我，混淆人生方向，在无尽的忙乱中消耗宝贵的生命。

《世说新语》上有一则“割席绝交”的小故事，很有启发性：

三国时期，春秋名相管仲的后代管宁外出游学，与一个名叫华歆的人结为好友，两人成天形影不离，同桌吃饭、同榻读书、同床睡觉，相处得很和谐。唯一不同的是，管宁能够静心学习，而华歆却十分浮躁。有一次，两人正同坐在一张席子上读书，有位达官显贵坐着豪华的轿子从外面路过，管宁置若罔闻，照旧专心致志，而华歆却面露羡慕之色，立刻跑出去看。如此浮躁势必为人浅薄，管宁于是割席而坐，与其绝交。最终，管宁成为德高望重的大学问家，而华歆在学术上却碌碌无为。

管宁留给我们的不仅是他炉火纯青、登峰造极的学问，还有他内心安定、鄙视浮躁、“割席绝交”的定力。静心做学问的求实作风也就是摒弃心浮气躁、踏实做人做事的精神，这是人品和人格的高尚境界。

“科技创新应远离浮躁!”“人生是短暂的，所以我总是尽量多学习、多做些事情”、“学海茫茫欲问之，惜阴岂止少年时。秉烛求索不觉晚，折得奇花三两枝”……这是中国科学院院士谷超豪先生获得国家最高科学技术奖后发表的感言。没有一蹴而就、立等可取的捷径，也无须锱铢必较、患得患失的算计，更拒绝浮夸吹嘘、急功近利的作风，心甘于枯燥的科研工作，这便是摒弃了浮躁，这便是滋养了大气。

生活总是赏赐那些不浮躁的人，拒绝浮躁才能拒绝平庸!

许多年前，美国兴起石油开采热，一个雄心壮志的青年人在一家石油公司找到了工作。他的工作很简单，甚至连小孩儿都能胜任：在生产车间，装满石油的桶罐通过传送带输送至旋转台上，焊接剂从上方自动滴下，沿着盖子滴转一圈，作业就算结束，油罐下线入库。从早到晚，日日如此。

这是一份简单而枯燥的工作，不过青年人并没有辞职，他每天都认认真真、全心全意地工作，干得不亦乐乎。时间长了，他还发现在机器无数次重复的动作中，罐子旋转一周，一定会滴落 39 滴焊接剂，但却总会有那么一两滴没有起到作用。于是他想，如果能将焊接剂减少一两滴，这将会节省不少。经过仔细研究后，青年人研制出了“37 滴型焊接机”。但是这种机器在运作时会有漏油的现象，于是他很快又研制出了“38 滴型焊接机”。这样，公司每焊一个石油罐盖，便会节省一滴焊接剂。虽然每个盖子节省的只是一滴，但正是这“一滴”却给公司带来了每年5亿美元的新利润。

这个青年人，就是日后掌控美国石油业的石油大亨——约翰·戴维森·洛克菲勒。

尽管工作相当枯燥无聊，又极其简单，但约翰·戴维森·洛克菲勒没有灰心失望、急于求成，能应付就应付，能推诿就推诿，而是用心做好手头工作。正因为此，他做出了不俗的成绩，获得了众人的钦佩。

“成以敬业，毁于浮躁。”置身于日新月异的时代中，要想不断提高自身的内涵，就必须摒弃心浮气躁，守住自己的定力，真正沉下心来，俯下身子，踏踏实实做人做事，时刻保持对工作、对生活的绝对掌控。

## *03* 寂寞花期，只为等待盛放

能耐得住寂寞，懂得品味寂寞，才能明净澄澈。

历史学家范文澜先生曾撰写过这样一副对联：“板凳甘坐十年冷，文章不著一句空。”意思是说，但凡做大学问、成就大事者，必须耐得住寂寞。然而，放眼于今，我们所遇之人大多情绪躁动、愤世嫉俗，和前人相距千里。

这是因为，寂寞是难耐的，寂寞是清苦的，寂寞是无聊的，寂寞是孤寂的，不抵灯红酒绿的繁华，不如车水马龙的热闹。在当今社会，能受住寂寞的折磨、守住自己心的人更是少数。

有这样一对孪生兄弟，他们生活在同一个家庭，过着同样的生活，但当他们长大后却有着完全不同的状况：哥哥开了个豆腐坊做豆腐，生意做得红红火火，而弟弟却是一个靠偷窃和勒索为生的瘾君子，后来被送进了监狱。

有意思的是，当记者问到他们为什么会有今天的结果时，他们的回答居然惊人地相同："我出生在一个偏僻贫穷的山村里，日子过得很是清苦，而且因为要照顾年迈的父母，我只能待在这个鸟不拉屎的地方。你说，我还能怎样?"

由此可见，寂寞是一种考验，面对寂寞，有的人能够做出惊人的伟业，有的人却成了寂寞的俘虏；寂寞又是一种坚守，面对寂寞，有的人能够坚守精神的底线，有的人却成了道德的叛徒；寂寞又是一种修炼，面对寂寞，有的人能够感悟出人生的真谛，有的人却跌到了地狱的深渊。

寂寞是人生中难以推脱的事情，如同生活中的喜怒哀乐。既然如此，我们与其备受寂寞的煎熬，不如正视寂寞、耐得住寂寞。其意义在于：能够守住精神的底线、安抚躁动的心神、熨帖狂乱的灵魂。在寂寞中默默耕耘，凭借一己良知和理性严格地塑造、鞭策并完善自我。

在寂寞中，屈原悲悯浮生，坚持"举世浑浊我独清"，所以他的《离骚》有着博大的胸怀和高远的境界；在寂寞中，李清照任性潇洒，才有了卓绝千古的绝唱，其遒逸之气俯视巾帼，压倒须眉；在寂寞中，鲁迅先生心系民众苍生，所以他对敌人能够"横眉冷对千夫指"，对人民却又"俯首甘为孺子牛"。

由此可见，大凡成功者都是寂寞而执着的。在虚浮人生中，耐得住寂寞，这是一种难能可贵的沉稳风范，是一个人淡泊明志的良好修养，更是人生的一种自我超越。静中念虑澄澈，见心之真体，这是生命真正成熟的重要标志。

索菲娅·罗兰是意大利的著名影星、光耀夺目的影坛巨星。半个世纪以来，她以动人的风采、卓越的演技给人们留下70多部影片，被授予奥斯卡终身成就奖。她的一生正是耐得住寂寞的有力证明。

索菲娅·罗兰是一个私生女，她没有见过父亲，第二次世界大战时，6岁的她跟着母亲投奔了那不勒斯的娘家，那是一个贫民区。贫困的处境加之私生女的身份，令索菲娅备受周围小伙伴们的孤立。没有人打扰、没有人陪伴、没有人分享，索菲娅总是一个人，她睁大眼睛观察着这个世界。

1950年，索菲娅参加了由一家露天夜总会举办的“罗马小姐”评选，引起了著名制片人卡洛·庞蒂的注意，并在其帮助下进入电影界。但由于从未受过专业训练，索菲娅开始参演的只是一些小配角。为了争取更多的角色，索菲娅愈加刻苦地练习演技，她将自己关在房间里一遍一遍地看电影，耐住了一个又一个寂寞漫长的日日夜夜。

谈及寂寞，索菲娅这样说道：“在寂寞中犹如置身在不失真的镜子的房屋里，我正视自己的真实感情，我品尝新思想，修正旧错误，我的内心世界也因此变得更加丰富。”也正是因为如此，索菲娅始终没有让自己受到太多演艺界急功近利、心烦气躁气氛的影响，也始终没有让名利磨去身上那些单纯的东西，《两个女人》、《碧血山河》……她的表演令观众们一次次惊叹、陶醉。

索菲娅·罗兰认为处在孤独之中能正视自己的真实感情，品尝新思想，修正旧错误，内心世界会因此变得更加丰富。可见，在寂寞中冷静思索，把寂寞变成心灵的顿悟、求索的驿站、奋进的起点，在寂寞中悟出人生价值的真谛，这远比在寂寞中唉声叹气更有意义，也更显大气风范。

这正如近代“国学大师”王国维所说的“人生三境界”：“古今之成大

事业者、大学问者无不经过三种之境界。”“昨夜西风凋碧树，独上高楼，望尽天涯路。”此第一境界也，也是人生寂寞迷茫，独自寻找目标的阶段。“衣带渐宽终不悔，为伊消得人憔悴。”此第二境界也，也是人生的孤独追求阶段。“众里寻他千百度，蓦然回首，那人却在灯火阑珊处。”此第三境界也，也是人生实现目标的阶段。

在这个浮躁的社会里，在人生最易寂寞的青年时期，懂得品味寂寞，学会运用寂寞，遇事不浮躁、不退缩，在寂寞中冷静思考人生的方向，并在寂寞中提升生命的价值，不求最快，但求最好，不再寂寞便指日可待。

## *04* 十年磨一剑，厚积才能薄发

“磨”，并非无谓的等待，更有别于怯懦的忍耐。

古人贾岛的《剑客》诗云：“十年磨一剑，霜刃未曾试。”可以想象多年刻苦磨炼的人能够凝聚多年心力，其耐心和坚韧不可小觑，而剑刃寒光闪烁，锋利无比，但却未曾试过它的锋芒。虽说“未曾试”，而跃跃欲试之意已流于言外。

然而，在这个物质丰富的社会，在市场经济强烈的冲击下，许多人趋向于急功近利，总幻想不劳而获或者说少劳多获。有人甚至说，十年磨一剑时间太长，是浪费青春、荒芜生命。可是，没有这“磨”的精神，又怎能积蓄力量?

有这样一个故事。

有一位年轻的画家在刚出道时，3年没有卖出去一幅画，这让他很苦恼。于是他去请教一位世界闻名的老画家，想知道为什么自己整整3年居然连一幅画都卖不出去。老画家问他每画一幅画大概用多长时间，他说一般一两天，最多不过3天。老画家微微一笑，说："年轻人，换种方式试试吧，你用3年的时间去画一幅画，我保证你的画一两天就可以卖出去，最多不会超过3天。"

这个故事虽然结构和情节都非常简单，却告诉我们一个深刻而耐人寻味的道理：所谓"台上一秒钟，台下十年功"，一个人的成就绝不是一蹴而就的，只有静下心来日积月累地积蓄力量，才能够"绳锯木断，滴水穿石"。

长期的磨砺，是为了实现宏大目标的积淀。"十年磨一剑"，为了终究一日的"薄发"，运用"十年磨一剑"的"厚积"。这是一种泰然自若的心态、一种有志者事竟成的气度，更是一种成就大器的智慧。

为了把《三都赋》写好，西晋著名的辞赋大家左思无论吃饭还是睡觉，时时刻刻都在构思这篇赋的语言文字、思想内容和艺术境界。为了能够及时地把自己突发的灵感记录下来，他无论何时何地都不忘带着纸笔。

苦心人，天不负，十载寒暑过去，左思终于完成了《三都赋》。《三都赋》语言华美、文笔流畅，无论在内容还是形式上都取得了较高的艺术成就。文章一经问世，整个洛阳城为之轰动，大家竞相传抄，洛阳城的纸张变得供不应求，纸价暴涨，有名的"洛阳纸贵"这个成语就是由此而来。

左思用了整整10年才写了一篇足以让他流芳百世的文章，可见大凡成功者决不是喊几句“我要成功”之类的口号就能轻易实现目标的，他们都付出了常人无法想象的艰辛，他们都耐得住“磨剑”的考验。

我们再来看一个典型事例。

我国有一名青年魔术师，人们称他为“变牌大王”、“中国的皮特·马纬”、“中国的大卫·科波菲尔”。1999年，在看了国际魔术大师皮特·马纬的牌技光碟之后，他惊呆了：原来纸牌还可以这样玩。他暗下决心，一定要刻苦练习，有朝一日超过皮特·马纬。除了模仿之外，他还从中冥思苦索牌技的奥秘。当时身为魔术师的父亲告诉他表演技巧中最根本的是功夫，手上功夫不到家，就是知道了奥秘也根本无济于事。

为了练习魔术手法，这位青年魔术师付出了常人难以想象的努力。他先从一张牌一只手开始，藏牌、抓牌、弹牌，从早到晚重复着相同的手法。一个月后，一张小小的牌被他玩得神出鬼没，他可以伸出右手，先是向观众交代空手心和空手背，然后向空中一抓，手里便抓来一张扑克牌。之后他仍不忘苦练，右手熟了练左手，一张熟了练两张，逐步增加牌数，不断练习，从不间断，就算胳膊和双手练肿了，他也咬牙坚持，毫不懈怠。有时候他甚至一整夜一整夜地练习牌技，为了不让父母担心，他干脆就将自己蒙在被子里练。

十年如一日，这位魔术师的苦练让他向魔术大师一步一步迈进。2005年2月，他可以双手同时在空中抓弹10张牌（单手抓弹5张），这样的表演已经达到国际魔术大师的水平；2006年，他可以双手同时在空中抓弹14张牌（单手抓弹7张），这已经超过了皮特·马纬牌技的水平。虽然取得了这样的成绩，但他并没因此沾沾自喜，而是加倍刻苦、继续磨剑。在2008年中国·宝丰第四届魔术文化节舞台之上，他一次双手同时在空中抓来弹出20张牌（单手抓弹10张），如此手法可谓出神入化；在2009年北京第24届世界魔术大会上，他的表演十分精彩，多年的付出在那一刻气贯长虹、惊艳全场！

十多载的刻苦钻研与刻意求新，让这位魔术师手中之剑打磨得越来越有名剑的风范，他是名副其实的“十年磨一剑”。因此，人们称赞他美轮美奂的魔术之时，也不得不佩服他“十年磨一剑”的胆识与气魄。

美国人花7年拍摄一部史诗级的电影；德国人花10年设计一条生产线；法国人花300年修建一座宫殿；李时珍写《本草纲目》用了27年；歌德完成《浮士德》用了58年；马克思的《资本论》则穷其一生……

有志者事竟成，十年磨剑，蓄势待发，这是一股永不言败、拼搏向上的精神力量，是沉而后发、成就人生大器的一种智慧。人，活的不就是一种精气神吗？活就活出个样子来，这就是“剑”的本性。

## *05* 学会静观其变，等待时机

成大事者，必能承受耐心的等待，静观其变、等待时机，然后一飞冲天，这是一种深谋远虑的大气。

在人生的旅途中，有和风细雨、丽日蓝天，也有惊涛骇浪、风狂雨骤，很容易使我们陷入一种虚浮的状态中。这时候，我们不该日日苦闷、郁积于心，或是放浪不羁、自暴自弃，而是要学会等待、等待、再等待。

然而，等待不是消磨时光、无所作为、庸庸碌碌的“等待”，而是按兵不动、静观其变，在等待中选择更好的观察视角和更恰当的机会，默默地坚守信念，静静地等待时机。等待时机，是怎样的时机？是天时之机，是地利之机，是人和之机，是一旦要动，就是一跃千里，水到渠成。

春暖花开的时候，3只毛毛虫在河边散步。它们看到了对岸繁花似锦，大毛毛虫说要绕过河去赏花，二毛毛虫说要找片树叶漂过去，三毛毛虫一言不发，静静待在原处。几天后，大毛毛虫累死在路上，二毛毛虫被河水淹死了，三毛毛虫却等待着，直到自己结成了一个茧，然后破茧成蝶，扑着翅膀，飞到了对岸的花丛中。

是呀！没有船也没有桥，毛毛虫想过一条河谈何容易，简直与登天别无两样。大毛毛虫和二毛毛虫急于求成，强行通过，结果一个累死，一个淹死。三毛毛虫选择了等待，耐心地等待，随着时机的到来，它展开美丽的翅膀飞到对岸。这个故事寓意深长，看来想要办成一件事情，如果时机尚未成熟，就需要耐心地等一等，不要轻举妄动，否则欲速则不达，反倒劳而无功。

梅斗霜雪，独立寒枝，那是在等待春天；雪声潇潇，花木入梦，那是在等待晨曦；孤云出岫，一无所系，那是在等待彩虹……等待是把握时机、审慎出击的一种智慧；等待是暂时忍耐、淡然悲喜的一种胸怀。一个心怀大气的人，除了拥有卓越的能力、坚定的意志外，还要拥有一种善于静观其变、等待时机的心智。

例如，楚庄王莅政3年，表面故意不理朝政，实则为分辨忠臣奸臣，他顶着压力和嘲讽，“不鸣则已，一鸣惊人”，终成春秋霸主之一；少年康熙深知自己斗不过鳌拜，表明上看来整日与一群亲贵子弟以布库为戏，实则不动声色地操兵练将，最后一举铲除鳌拜集团，开辟“康熙盛世”。

当今社会，不计其数的人不甘于寂寂无名的现状，急功近利、鲁莽向前、趋炎附势已经成为这些人现实生活中最常见的心态与姿态。相比之下，静观其变、等待时机，养精蓄锐也好，韬光养晦也罢，就显得弥足珍贵了。不过，能真正做到这一点的人很少，所以成功的人也就很少，这确实值得深思。

不过，成功的例子也不少见。

1983年，印度人拉克希米·米塔尔靠进口发电机发迹。可没过几年，印度政府以保护国内产业的名义禁止了发电机的海外进口贸易，他的事业陷入了“低谷”。不过，米塔尔没有气馁，他慷慨地给了自己一个“假期”，走访了韩国、日本、中国台湾等地区，结果寻找到了一个新的经营项目——按键式电话机。

按键式电话机在印度一上市就成为炙手可热的商品，但是米塔尔的电话业务因政府政策的变化再次陷入了困境：印度政府将按键式电话机的生产国产化，并对手机服务商进行公开招标。公开招标的主要对手是包括知名跨国企业在内的印度大型企业，米塔尔的公司与他们相比简直就是小巫见大巫，结果政府将垄断权授予了那些大企业。

这次，米塔尔依然没有抱怨，而是悄悄准备，等待时机，他集中精力制定手机业务的总体规划，并争取与一些著名的外国企业结盟。他认定，那些国际财团在招标上花费了巨额的费用，在几年内会面临巨大的经济危机，甚至破产。

果然，1999年，印度手机服务业遭遇了严重的危机，许多通信企业因为无力缴纳与政府约定的巨额许可证费用而纷纷倒闭。米塔尔认为“时机已到”，于是低价买进了那些公司的许可证，一口气获得了安德拉、加尔各答、孟买、喀拉拉等地的手机服务经营权，一举成为了印度电信业的“帝王”。

米塔尔之所以能够以强大的气魄获取财富，取得“帝王”的名声和地位，正是他不断积攒实力和耐心等待的结果。正如他在一次演讲中所说：“没有魔术让一个人一夜暴富，成功需要不懈努力。”

沉得住气看待世事，观其动静，思其道理，这种“坐看风云起，静观诸事变”的姿态，可以让人超脱世俗，可以让人豁然开朗，并且能够在静静的等待中成就惊世骇俗的豪壮，实在是美哉、善哉！

## *06* 不要倒在胜利的歌声里

面对喝彩、鲜花和掌声，要冷静、再冷静，保持自制，脚踏实地，不急不躁，这样才能取得新的进步。

在失败面前，你昂起头来继续前进；在挫折面前，你挺起身来继续抗争；在厄运面前，你咬紧牙关继续搏杀……如今你胜利了，当在胜利的欢呼声中、在成功的凯歌声里，你会怎样呢？是该松一口气的时候了吗？

如果你这样做了，那你就彻底被胜利击倒了。

明朝后期政局腐败，1629 年，李自成提出了“剿兵安民”的口号发动起义。他勇猛，有识略，军队军纪严明，战斗力强，再加上百姓拥护，得以迅速地扩张发展，最终成为推翻明王朝的主力。1644 年正月，李自成建立大顺政权，年号永昌。同年三月十八日，攻克北京，推翻明王朝。

占领北京时，李自成的军队浩浩荡荡 100 余万，一代王朝即将出现在中华民族的历史上。但是很可惜，骄傲自大的情绪开始在起义军队伍里蔓延，骄奢之风日盛，杀人无虚日，抢掠夜继昼，短短40天，部队竟然仿佛突然间失去了战斗力——在山海关遇清军一触即溃，从此一蹶不振，走上了失败之路。

在眼看天下唾手可得的情况下，李自成和他的军队为什么会失败？而且败得如此之快呢？对这个问题，仁者见仁，智者见智，但最大的问题是：在功成名就面前，面对着喝彩、鲜花和掌声，他们开始头脑发热、骄傲自满，最终被胜利击垮了。

在竞争日益激烈的当代社会更是如此，那些陶醉于鲜花和掌声中、不能始终脚踏实地的个人和企业，都不可避免地会遭遇失败的下场。福特汽车公司创始人福特一世就是一个“成功是失败之母”的典型例子。

福特一世从16岁开始出来打天下，依靠杰出的管理专家和机械专家，他使福特公司发展为世界上最大的汽车公司。但是，面对成功后的荣誉和成绩，福特一世开始忘乎所以，他以为一切都是自己的功劳，逐渐听不进别人的意见，结果导致一批英才纷纷离去，福特公司每况愈下，濒临破产。

一位知名的企业家经常告诫企业员工：“企业最好的时候，常常是不好的开端；产品最走红的日子，很可能是滞销的开始。”此言极富哲理，这就需要我们在成功面前保持冷静心态，提防成功所带来的虚浮，寻求心灵的平衡和冷静。

冷静是成功的试金石，是成功的必要因素。那些颇具大气风范之人，定有在成功面前不慌不忙，沉着冷静的特点，也只有这样，他们才能保持自制，脚踏实地，不急不躁，进而取得新的进步，赢得更大的成功！

居里夫人一生崇尚科学，她和丈夫皮埃尔·居里多年潜心进行科学研究。

经过3年零9个月的努力，他们发现了放射性新元素镭，居里夫人因此被授予了诺贝尔物理学奖，她是历史上第一个获得诺贝尔奖的女性。

居里夫人胜利了、成功了，来自法国、波兰、德国等地的聘书、荣誉接踵而来，耀眼的光环围绕着她。她应该满足了，而且申请专利后，她完全可以每天坐在家中数钞票，享受富足安逸的生活了，至少可以不必天天辛辛苦苦做实验、搞研究了。

然而，居里夫人没有这样做，她将提炼镭的方法公布于众。为了躲避繁忙的社交活动和频频的记者采访，她像逃难者一样化了装藏到偏僻的乡村，继续进行深入细致而又艰苦卓绝的研究工作。1911年，她又因发现放射性元素钋获得诺贝尔化学奖。一位女科学家在不到10年的时间里，两次在两个不同的科学领域里获得世界科学的最高奖，这在世界科学史上是独一无二的事情。

在胜利面前，居里夫人清醒而谦虚；在成功面前，她冷静而奋发。“海阔天作岸，山高我为峰。”她把胜利踩在了脚下，这种姿态不可谓不大气，带领着她从一个胜利走向了另一个胜利，从一个成功走向了另一个成功。

胜利了，世人知道你姓什么；成功了，世人知道你叫什么。无论什么时候都要保持清醒的头脑，冷静、再冷静，再接再厉，千万别倒在成功的脚下。更何况，“山外有山，人外有人”，这只是万里长征走完了第一步，广阔的天地大有作为。

贝利是20世纪最伟大的足球明星之一，被喜爱他的人尊为“球王”。在他20多年的足球生涯中，总共参加过1364场比赛，共踢进1282个球，而且创造了一个球员在一场比赛中射进8个球的纪录。有记者采访他时问：

“您认为自己哪个球踢得最好？”贝利意味深长地回答：“下一个！”

是的，取得小成就后继续努力吧，还有更大的成功等着我们呢。

## 07 勤奋成就人生

没有完美的人生，只有不止的勤奋。肯下苦功夫，肯脚踏实地，才能从平凡走向伟大。

有一个好吃懒做的中年人，整天揣着两只手东逛逛，西溜溜，却又总想着发财致富。每隔三两天，他就到教堂祷告一回：“上帝啊！看在我多年对您的虔诚上，就让我中一次彩票吧！阿门。”

几天后，他又来到教堂，同样祈祷着：“上帝啊！您就让我中一次彩票吧，以后我一定更加虔诚地服从您。阿门！”又过了几天，他再次到教堂重复着祷告，但是头等奖都被别人给中了，压根就没有他的份儿。

又过了几天，这位中年人变得无比绝望，抱怨说：“我的上帝呀！只要我中一次彩票，我愿终生侍奉您，您为什么不聆听我的祈祷呢？……”

这时，上帝发出了庄严的声音：“可怜的孩子呀！我一直都在聆听你的祷告，可是，最起码你也应该先去买张彩票吧！”

故事中这位中年人成天想着中彩票，却一次也不买彩票，一点儿也不付出，即使上帝发善心真想帮助他，也是没有办法的。这是个发人深省的小故事，它告诉我们：要想有所收获，就必须先付出。

然而，生活中有不少人不懂这一道理，成天希冀成功的到来，却不肯付出辛勤的劳动，最后的结果可想而知。不要埋怨自己的收获比别人少，不要感慨人生对自己不公平，为什么不冷静地想一想，你付出了多少呢？

的确，伟大的成功和辛勤的劳动是成正比的，付出多少，相应地就会有多少回报。做一个形象的比喻：我们若想在秋天收获丰硕的果实，春天就不要吝啬手里的种子，将它们播撒并且精心地照顾。你会发现，你种下什么，秋天就会收获什么，或多或少。而没有播种，又怎会有收获呢？

“业精于勤，荒于嬉。”有的人即使很有天分，但如果他们不勤奋，不能脚踏实地地做事，也会蜕变为碌碌无为的人。方仲永天资聪慧，5 岁能作诗，被乡里称为奇才，就在人们纷纷找他作诗之际，他父亲感到从中有利可图，就让他放弃了学习，整天带着他到处吃喝玩乐，结果诗才枯竭，终于“泯然众人矣”。

一个人成功与否，固然与环境、机遇、天赋、学识等外部因素相关联，但更重要的是自身的勤奋与努力。一分耕耘，一分收获，勤奋使平凡变得伟大，使庸人变成豪杰。古今中外，那些意气风发的成功者，无不是勤奋刻苦的楷模，是勤奋铸就了他们内心的力量，促成了他们生命的辉煌。

例如，张溥抄书抄得手指成茧，写出了《五人墓碑记》这一千古流芳的名篇；李白拥有“铁杵磨成针”之勤，读书读得口舌生疮，故能斗酒诗百篇；杜甫有“读书破万卷”之勤，所以“下笔如有神”；王羲之日日临池学书，以致染黑了池水，终因“矫若惊龙”的草书而被尊称书圣……

只有坚持勤勤恳恳地付出心血，才会换来实实在在的成功，因此，我们要想在工作中出人头地，达到事业的高峰，享受美好的人生，只有一种途径，那就是勤奋、勤奋、再勤奋，肯下苦功夫，肯脚踏实地。

一时勤奋并不难做到，但要一生勤奋却不是一件很容易的事情。因为勤奋是一种持之以恒的精神，需要坚韧不拔的性格和坚强的意志，需要数年如一日地付出心血和汗水，只有大气之人才能够真正做到。尼可罗·帕格尼尼的奋斗史就说明了这个道理。

帕格尼尼是意大利小提琴演奏家、作曲家，著名的音乐评论家勃拉兹称帕格尼尼是“操琴弓的魔术师”，歌德评价他“在琴弦上展现了火一样的灵魂”。记者问帕格尼尼：“您取得成功的秘诀是什么？”帕格尼尼回答：“勤。”这里的“勤”指的就是勤奋，无论在哪里，他都是以勤奋而闻名。

帕格尼尼的父亲是小商人，没受过多少教育，但非常喜爱音乐，他聘请了一位剧院小提琴手教帕格尼尼拉琴，那时帕格尼尼刚满7岁。在同龄人都耽于玩乐时，帕格尼尼每天早上9点钟开始在家练习拉小提琴，一直到下午五六点钟才结束，他从不偷懒，勤勤恳恳，以至于连做梦都在拉琴。就这样，帕格尼尼练就了娴熟的小提琴演奏技法，12岁时，他把《卡马尼奥拉》改编成变奏曲并登台演奏，一举成功，轰动了评论界。

之后，帕格尼尼开始跟着许多不同的老师学习，包括当时最著名的小提琴家罗拉和指挥家帕埃尔，他依然每天大约用12个小时练习自己的作品。1801年起的5年间，他隐居了起来，但是他并没有停止自己的创作，这一时期，他完成了《威尼斯狂欢节》、《军队奏鸣曲》、《拿破仑奏鸣曲》等6首小提琴合奏曲，并创造了小提琴与吉他合奏的奏鸣曲，大大丰富了小提琴的表现力。

1825年后，已经功成名就的帕格尼尼大可在家享受生活，但是他对待事业的勤勉丝毫没有消减，他往来于欧洲各地举行演奏自己作品的音乐会，1828年奥地利维也纳、1831年法国巴黎和英国伦敦、1839年马赛，然后去尼斯，这些演出均引起了轰动，也奠定了他国际演奏大师的地位。

帕格尼尼的勤奋不是一时，而是一生。可以想象，如果心中没有一个强大的精神支柱，可能谁也坚持不了50年。帕格尼尼50年如一日地勤练小提琴，将勤奋发挥得淋漓尽致，最终印证了爱迪生所说：“成功=1%的灵感+99%的汗水。”

世上没有免费的午餐，上帝总是青睐有准备的人。不付出任何努力，坐等奇迹发生简直是不可能的，这些想法往往是懒惰者的借口，是虚浮者的托辞。如果你想比别人成功，想拥有大气之风，那么，请扪心自问，你是否像尼可罗·帕格尼尼那样勤奋学习、勤奋探索、勤奋实践？

# 第三章
# 挣不够的钱财，看一看，身外之物

心宽的人，拿得起也放得下，他们知道身内之物比身外之物更重要。身外之物，我们早晚都要割舍；身内之物，是我们的灵魂、我们的本源，不论身处何地，都能给我们带来安定与喜乐。看一看，放下之后，你得到的是心灵的充盈。

## 01 向前走，别忘记抬头看一看

在金钱名利的追逐中，总会迷失了幸福的方向。

富裕的生活是每一个人的追求，但有的时候，人们觉得“富裕”像是负重，买了一辆车，就想有个车库，就想有专门的清洗工，想有第二辆换着开的车，就想有更大的房子，想有一个佣人……于是，肩上的担子越来越重，根本摆脱不开，渐渐地，连自己最初想要的那辆车都淹没在这些东西中，再也看不清。

一个旅行团去山里踏青，这并不是正规的旅行团，而是一群驴友在网络上认识，自发成立的。他们喜欢寻找那些旅游图册上没有的地方，享受真正意义上的旅游——没有被开发过，维持着本来的自然面貌的景致，让他们更能享受到出行的乐趣。

不过这一次，旅行团遇到了大麻烦。他们在一座荒山里旅游，突然，山体发生震动，也许是一次小型的地震，山顶的石头向山腰上的他们滑落。旅行团的人大多被砸成重伤，只有一个人只受了轻伤，平安无事，还叫来救护人员将伙伴们送进医院。

闻讯赶来的记者采访了这位幸运者，记者问："你是怎样躲过那些滑落的石头的？是不是你站的位置比较好？"

"不，我就站在他们中间，不在前边也不在末尾，不过，当石头滑下来的时候，他们根本没空思考，抱着头到处躲闪，而我首先做的是抬起头，看看石头来自什么方向，然后迅速躲到它们砸不到的地方。"幸运者回答。

有时候，富裕的生活也带着一定的负面影响，例如你不得不面对的人情世故，不得不维持的商业礼仪，不得不结交的"朋友"，不得不进行的"娱乐"，还有随之而来的各种开销和必须支付的时间。这些东西有时候不像一种享受，而是一种任务，你甚至觉得它们像头顶滚落的石头，躲也躲不开。好在它们不是蜜糖做的就是黄金做的，沉浸在其中，也有另一种满足，只是，你已经忘记什么是最快乐的事，哪里是最初的方向。

没有几个人能提醒你警惕这种生活，普通人羡慕这种生活，和你一样的人习惯这种生活，能够提醒你的只有你自己。当你对眼前的一切感到一丝疲惫时，当你对周而复始的生活感到一丝疑惑时，是时候抬起头观察一下自己的方向了。

每个人最初的方向，或多或少都和“价值”有关。富裕的生活，就是最形象的追求，但这只是追求的外在，并不是核心内容。当财富像石头一样滚下来，你根本忘记了自己想要的究竟是哪一种，也根本忘记了自己的能力有限，这个时候，你需要做的是赶快找一个地方躲一躲，让自己的心清静片刻。

夜深了，著名作家叶先生回到自己的家中，兼任司机的经纪人交代了几句，他终于能关上门，疲惫地坐在真皮沙发上。这间房子有200平米，装饰豪华，都是他写书赚来的钱。自从他成名后，物质生活再也不是问题。

他每天都很忙碌，需要去各个城市签售，参加读者见面会，去大学做演讲，跟知名的作者、编辑吃饭，他用来写作的时间很少，但他的书依然大卖。他已经很久没有静下心来阅读一本书，因为他太忙了，根本没有静心的时间。

他对这种生活感到茫然，虽然前两年聚光灯下的生活曾让他兴奋不已，一本书能卖到更大的销量是他唯一的目标，现在，他却觉得有点不对劲。他实在想不通，就给一个他尊重的老作家打了电话，诉说自己的烦恼。

“你是一个作家，记得这件事就够了。”老作家听完后，只说了这么简单的一句话。

他想了一个晚上，终于恍然大悟。是的，他是一个作家，他的唯一目标就是写出好作品，而不是像公众人物一样出入各种场合；像批评家一样对各种现象发表评论；像明星一样与粉丝见面……他只要做一个好作家就可以，这才是最重要的事。

想通后，叶先生迅速推掉了多余的工作，即使那意味着大量金钱的损失。他拿着简单的行李去旅行，又用大半年的时间在书斋里潜心创作，一年后，他的新作品上市，人们惊异地看到，他的作品更加厚重，技巧更加娴熟……

追求身内之物，在有些人看来是不切实际的，因为内心世界捉摸不定，人们常常被它表面的喜悦迷惑，忘记了它还有更深的追求。他们认为每个人都有享乐的天性，每个人都希望自己引人瞩目，能过一种聚光灯下的生活，远远好过跋涉千山万水，为的是心地清明。甚至，在这些人眼里，那些扔下花花世界去吃苦受累的人，都是傻子。

但是，聚光灯下，真的有我们的方向吗？纸醉金迷的世界，真的有我们的快乐吗？由他人的艳羡堆积的世界，能够放得下我们的心灵吗？我们真的值得为了虚名，为了更多的钱财，牺牲自己所有的时间和精力，为的就是做我们根本不愿做的事？

人们为什么喜欢旅游？因为比起沧海，比起高山，人显得太渺小，人的欲望也显得微不足道，每次旅行，都让我们享受了一次清静，让心灵回归到自己最初的平和。心宽的人就想常常在山水间徜徉，他们不会流连一时的风光，因为繁华很快就会过去，我们能留住的，只有心底的回忆，回忆只有实实在在，才能让我们感到踏实。

当你为追逐金钱迷失了双眼，当五光十色的世界模糊了你的视线，你一定不要沉迷下去，而是要努力抬起头，看一看你的方向在哪里。不只是事业的方向，还有生活的方向、灵魂的方向。人心很大很大，要完成的事很多很多，你有广阔的天地可以徜徉，何必囿于欲望的小小角落？

## *02* 不要被金钱所束缚

太少的财富固然不能支撑生活，但是太多的财富必会将生活压垮。

金钱，是现代社会最有诱惑力的字眼，有人说金钱是万恶之源，有人说金钱是众善之本。金钱不是万能的，这是事实；没有钱寸步难行，这也是事实。我们每个人都希望拥有金钱，但是有没有想过在拥有之后，我们应该如何对待它？

森林里住着一群白兔，在众多的兔姐妹中，有一只白兔独具审美的慧心。它能欣赏一切景物，爱大自然的美，尤其喜爱皎洁的月色。每天夜晚，它来到林中草地，一边无忧无虑地嬉戏，一边心旷神怡地赏月。它都会是赏月的行家，在它的眼里，月的阴晴圆缺无不各具风韵，它常常给别的动物讲述月亮的美：弯钩一样的弦月，玉盘一样的满月，柳梢后似美人害羞，风露中似情人相逢……这件事传到森林之王耳中，一天，森林之王召见这只白兔，向它宣布一个慷慨的决定：

“万物均有所归属。从今以后，月亮归属于你，因为你的赏月之才举世无双，相信月亮也会为此感到高兴！”

白兔大为兴奋，它仍然夜夜到林中草地赏月。可是，说也奇怪，从前的闲适心情一扫而光了，脑中只闪现着一个念头：“这是我的月亮！”它牢牢盯着月亮，就像财主盯着自己的金窖。乌云蔽月，它便紧张不安，唯恐宝藏丢失。满月缺损，它便心痛如割，仿佛遭了抢劫。在它的眼里，月的阴晴圆缺不再各具风韵，反倒险象迭生，勾起了无穷的得失之患。

对待自己的所有物，想要看守它，让它永远属于自己一个人，是再正常不过的想法。于是，我们都成了看守财富的兔子，总是怕被人觊觎，怕自己的宝物太过耀眼，会引来他人的争夺，甚至连宝物的光芒，都觉得让看的人占了便宜。却不想想宝物也许并不属于自己，真正能给自己带来快乐的，并不是占有的感觉。

我们为什么要追求财富？其实不过是想追求心灵上的快乐，这需要金钱的支撑，又不仅仅是金钱能够带来的。可是有的人很难抗拒金钱的诱惑，所以，他们都会以追逐财富为自己的人生目标之一，一旦得到，就要想尽一切办法保住它，让它能够增值，越多越好。

对待财富，很多人像故事中的兔子一样，成了守财奴，生怕有人抢了自己的东西，占了自己的便宜。但是，金钱是流动的，你的生命是有限的，你只是它暂时的看管者，一旦时间到了，你一分钱也带不走。这样想想，究竟是你看守金钱一辈子，还是金钱把你囚禁一辈子？

很久很久以前，有一对靠拾破烂为生的夫妻，他们每天天不亮就出门了，推着一辆破车到处拾破铜烂铁，一直等到太阳下山才回家，每个月定期将这些东西卖出去，换得微薄的生活费。不过，夫妻俩的心态很好，即使这样困苦的日子，他们依然每天回到家以后，就在屋子里吹口琴唱歌，日子过得逍遥自在。

在他们所住的小房子隔壁，是一栋华丽的宅子，里面住了一对很有钱的富翁夫妇。他们每天都坐在桌前打算盘，算算哪家的租金还没收，哪家的欠账还没还，每天总是很忙、很烦恼，还经常为钱的事大吵。富翁的妻子看隔壁的夫妻每天都快快乐乐，轻轻松松，非常羡慕。一次吵架的时候她甚至说："早知道我宁可嫁到隔壁去，至少快乐！"富翁嗤之以鼻，说："你以为他们的快乐很可靠？给我三天时间，我能让他们再也唱不出歌！"

"你难道要抢了他们的房子吗？那太不道德了！"妻子说。

"我不但不抢他们的房子，还会给他们送一笔钱。"富翁说完，就拿着一袋金币到了隔壁，将这些钱送给了那对夫妻。富翁妻子奇怪地问："你给他们钱，他们一定会更快乐，怎么会不再拉弦唱歌了呢？"富翁说："谁说钱能带来快乐？你看着吧！"

隔壁的夫妻呢？得到那么多钱之后，先是高兴得大叫大笑，庆祝他们终于可以脱离贫困的日子，接下来，他们就开始为这一袋金币发愁，他们该怎么花？妻子认为应该换房子，丈夫认为应该做生意；这些钱该怎么保存？妻子说埋在地里，丈夫说买个保险柜……他们越说分歧越大，最后吵了起来。

第二天，富翁的妻子再看到他们两个，发现他们一脸的烦恼，一脸的晦气，果然，歌声再也没有在他们家中响起，只有无穷无尽的争吵，回荡在墙壁之间……

金钱是物质财富的象征，人生在世，谁又能离得开金钱？也许就是因为它太过重要，人们总是为了它忽略更重要的东西。比金钱更重要的东西是什么？每个人都有自己的答案。就像有人说过，金钱可以买来药物，但买不来健康；金钱可以买来婚姻，但买不来爱情；金钱可以买来装扮，但买不来青春……金钱不可缺少，却也并非万能，因为对人的心灵，它未必有作用。

财富太多就是一种负累。这并不是"吃不到葡萄说葡萄是酸的"，而是一种事实。因为你的财富不是天上掉下来的，你拥有得越多，说明你做的事就越多，操的心必然更多，这种焦虑不断累积，就会使你愁容满面，因为你每天都要计划如何守财、如何开拓，你的时间和精力全部用在金钱上，甚至出现“有时间赚、没时间花”这种现象，那么，你的忙碌究竟为什么？

对于财富，人们也应该将它看透看开，明白太少的财富不能支撑生活，太多的财富会将生活压垮，只有适当的财富才能保证生活的圆满，而这种圆满，正是我们追求财富的理由。记住，在追逐金钱的道路上，不要失掉最初的目的，财富就能给你带来快乐。

## *03* 让知足填满空虚的心灵

金钱不应该凌驾于生活之上，它应该是生活的从属。

如果说欲望是一把剑，适当的欲望能让你披荆斩棘，为自己的未来打开一条出路；过度的欲望则会伤人伤己，让你的世界面目全非。那么内心的知足就是欲望的剑鞘，把欲望固定安放，让我们始终知道它的形状，能够把握它的动向，才不会被它操控。

有个老人在岸边垂钓，旁边几名游客在欣赏景色，突然看见垂钓者竿子一扬，钓上了一条大鱼，足有两尺多长，落在岸上后，仍腾跳不止。游客们露出艳羡的神色，可是钓者却用脚踩着大鱼，解下鱼嘴内的钓钩，顺手将鱼丢进了河里。

周围围观的人一阵惊呼，这么大的鱼还不能令他满意，可见垂钓者野心之大。就在众人屏息以待之际，钓者的鱼竿又是一扬，这次钓上的只是一条一尺长的鱼，钓者仍是不看一眼，顺手扔进河里。游客们满脸不解。

第三次，钓者的钓竿再次扬起，只见钓线末端钓着一条不到半尺长的小鱼。围观众人以为这条鱼也肯定会被放回河里，不料钓者却将鱼解下，小心地放到自己的鱼篓中。

游客百思不得其解，就问钓者为何舍大而取小。钓者回答说："喔，因为我家里最大的盘子只不过有一尺长，太大的鱼就算钓回去，盘子也装不下，所以只好要小的。其实小鱼挺好，做起来也没那么麻烦呀。"

克制欲望有一个简单有效的办法，就是有多少拿多少，有多少用多少，有一份知足的心态。不论环境、能力如何，自己应该清楚自己需要多少东西，超过了就是负累。在生活中不把负累捡回家，就能从根本上保证自己不会为物欲烦恼。当你习惯了身边的"刚刚好"，任何多余的事物都会让你烦躁，这时，你已经达到了超越物质的境界。

心宽的人才会知足，因为他们不会以自己的生活和人比较。我们知道，很多原本对生活满意的人，因为看到更好的房子、更棒的车子，导致自己看什么都不顺眼，恨不得自己的薪水翻三倍，马上"更新换代"。这种攀比的意识，是人们过分执着于金钱的重要原因。但过日子就是量体裁衣，别人的房子再大，你住着也许空旷没着落；别人的车子再好，你开着也许没手感也没技术。

课堂上，哲学老师正在给学生们讲一个故事：有三只猎狗追一只土拨鼠，土拨鼠钻进了一个树洞，这个树洞只有一个出口，可不一会儿，居然从树洞里钻出一只兔子，兔子飞快地向前跑，并爬上另一棵大树。兔子刚爬到树上，仓皇中没站稳，一下子掉了下来。说来真巧，它正好砸晕了正仰头看的三条猎狗，最后，兔子终于逃脱了。

故事讲完后，老师就问大家："这个故事有什么问题吗?"同学们说："兔子不会爬树；一只兔子不可能同时砸晕三条猎狗。"

"还有呢?"老师继续问。直到同学们再也找不出问题了，老师才说："可是土拨鼠哪儿去了呢?"

土拨鼠哪去了？老师的一句话，一下子将同学们的思路拉回猎狗追寻的目标土拨鼠上。因为兔子的突然冒出，让同学们的思路在不知不觉中打岔，土拨鼠竟在同学们头脑中消失了。

这个哲学故事可以从很多角度去解读，给我们有益的启示。不妨来分析一下这个故事，为什么会忘记土拨鼠？因为兔子出现了。也就是说，当我们的努力全集中在一件事上，很容易忘记最初的目的；还可以说，因为有更重要的事出现，我们没有精力再去想其他事；也可以说，土拨鼠本来就不重要，我们早晚会忘记它。

结合金钱与生活，这个故事的寓意就显得更为深刻。我们应该把金钱看作是兔子，还是土拨鼠？这完全是两种选择。把金钱看作兔子，生活看作土拨鼠的人，总会为了那只兔子丢弃一切，甚至生活本身也会从脑子里消失。因为欲望本身就有改变人心的力量，稍不注意，你就会被它控制，让它岔开思路，越岔越远。

金钱不应该凌驾于生活之上，它应该是生活的从属，是那只即使想不起来也依然存在的土拨鼠，它的作用是为我们提供衣食住行，而生活本身，有更多更有意义的事，等待我们去追求，这才应该投入更多的精力。多少金钱也满足不了我们的心灵，但幸福的人生，却能让我们懂得知足，懂得什么是真正地享受生命。

当然，知足不代表不努力，你是一个相对成功的人，知足代表了你的心胸和智慧；如果你是一个一贫如洗的人，知足只说明你这个人不思进取。不要随意说“我根本不在乎金钱”，追求足够的金钱，是人生应该努力的目标之一，否则，别人不会认为你霁月光风，只会认为你没本事、没勇气，这个尺度，你可要仔细掂量。

## *04* 控制贪婪，保持心地的纯净

欲望如同我们灵魂深处的贪吃蛇，不停地寻找下一个目标，永不满足。

哲人说，每个人心中都有一头吃人的野兽，这就是贪婪。

人生的每一天都是加减法，当我们的要求越来越多，我们的生活就会有越来越多的不满足。人的欲望总是没有止境，如果不能加以限制，将会给我们带来巨大的麻烦，甚至灾祸。

这是寒冷的一天，一个商人骑着一匹马走过荒原，晚上支起帐篷睡觉。半夜时分，门帘被轻轻地掀起了，那匹马从外面把脸探了进来，商人被弄醒了。

马说：“尊敬的主人，外面风太大，吹得我睁不开眼，天气又太凉，让我不能睡觉，求你让我把头伸到帐篷里来好吗?”

“没问题!”慷慨的商人说。

马就把它的头伸到帐篷里来了，商人挪了个地方，很快就睡着了。

过了一刻，马又把商人弄醒，说：“我这样站着很别扭，干脆你让我进来半个身体吧!”善良的商人同意了，而自己只好移到帐篷角落里，坐着休息。

接着，马又开口了："我这样站着，撑开了帐篷门，反而害得我们两个都受冻，不如你让我整个身子站到里面去吧！"说完，马把整个身子挤进帐篷里，一脚把商人踢到帐篷外。

贪婪就是这样一匹马，一开始，它像是你的工具、你的奴隶，勤勤恳恳地跟着你，你以为它会永远在自己的掌控中。但是，随着你放松警惕，它就会开始鲸吞蚕食，一点点瓦解你的防备，最后完全占据了你的内心，控制了你的行为。当你回过神来的时候，已经拿它毫无办法，只能任它为所欲为。

贪婪如果不加控制，就会让你心中的欲望一步步升高，让你一步步丢弃其他的东西，包括善良与自制，变得为达目的不择手段。如果不能达到目的，又会像被烈火焚身一般，一刻也不得安宁，每天都被它折磨，直到走上邪路。监牢里的罪犯，多数都是因为不能控制自己的欲望，才最终走上犯罪的道路。

有没有办法能够控制自己的欲望？很难，因为没有人能做到完全地无欲无求，即使是隐居山林的高人，他们也希望自己的林子幽深宁静，无人打扰，这本身就是欲望。但是，人们至少要保证勒紧欲望的缰绳，不要让它肆意奔腾，没有任何节制。这一点只要有心，每个人都能够做到。

一位战功赫赫的将军收藏了一个宝杯，以黄金雕琢白玉装饰，看上去十分精美，他从未看到过这么美丽的杯子，于是时常把玩，爱不离手。一次不小心杯子从手里掉了下来，尽管将军身手敏捷地接住了宝杯，但也惊出一身冷汗。

杯子没事，将军却觉得十分惭愧。他想自己于千军万马之中纵横沙场，生死以之，未尝如此胆战心惊，乃因不惜身家性命故也。再一想，而今自己竟然为杯子担惊受怕，无非太爱惜这只杯子罢了。于是他豁然明白，断然将杯子扔掉了。此后，将军不再为杯子担心。

控制欲望的方法就是及时发现自己的贪婪。就像故事中的将军，当他发现自己把太多的心思放在一个宝杯上，就当机立断地扔掉那个杯子。也许有人说，杯子并没有错。但是，人只能对自己负责，想要保持自己心境的清明，只有远离那些有诱惑力的东西，和它们保持一定的距离，在乎一件东西，不要太过在乎，才是明智的人对待财富的态度。

如果发现了却不控制，会出现什么样的结果？欲望就会开始摆布你。首先，你要把很多时间精力花费在它身上，经营它、看守它，或者什么都不做，长时间地看着它，就像小说《欧也妮·葛朗台》中的守财奴老葛朗台，看到金子就觉得心中暖和，完全不顾妻子女儿的幸福，也根本想不到生命中还有其他事要做。

被欲望控制，对自己是种危险，也会给他人带来危害。首先危害到的是你身边的人，他们也会因为你的不满足焦急不已，因为你的虚荣日日担心，他们的劝告不能阻止你，更会增加他们心中的负罪感和阴郁。而那些因为你的欲望受到损害的人，也会因此失去生活中的快乐，这些事都会压在你的良心上，让你痛苦不已。所以，贪婪害人害己，控制它，就是保持生命的纯净，让你做什么都能无愧于心，不必担心日后的悔恨。

## 05 远离欲望的悬崖，愈远愈好

知其足，不追求，安于所得。

会开车的人都知道何时该加速，何时该减速。对欲望的控制也是如此，凡事要有“度”，在心里掌握好这个限度，一旦超限，立刻停止，你就不会偏离自己的方向，离目的地越来越远。懂得控制欲望的人，都是幸福的，因为他们在不知不觉中远离了危险。

一家公司的老总想要招聘一个司机，不用老总交代，人事部就忙开了锅。大家都知道，司机等于半个“贴身秘书+保镖”，不但随时与老总在一起，还要负责老总的安全，还要保守老总的秘密，总之，技术人品加机灵劲，一样都不能少。

经过层层筛选，人事部留下三个各项条件均达到优秀水准的应聘者，老总亲自进行面试。面试中，老总只问了一个问题：“悬崖边有一块金子，你开着车去拿，你觉得应该离悬崖多远?”

“一公尺。”第一位应聘者很有自信地说。

“半公尺。”第二位应聘者更有自信。

“当然是离悬崖越远越好!”第三位应聘者这样说。

最后，第三位应聘者被录用，老总评论说：“懂得远离诱惑的人，才是可靠的人。”

在生活中，诱惑有具体的形象，人们孜孜以求的东西，往往都和财富有关。有形的金银珠宝，无形的权势名声，都是世人追逐的对象。要承认这些追求本身并不是错的，而且在一定程度上也代表了一个人的能力，只是要记住，太过沉浸于物质追求，你会迷失自己，完全失去最初的方向，被欲望牵到你并不想去的地方。

人生应该追求的，不仅仅是金钱，如果你只有这些追求，说明你的思想太过狭隘，或者眼界太窄，完全看不到其他的东西。被欲望摆布的人更是让人不放心，因为他们什么都可以出卖，什么都可以交换，他们没有任何底线，让人打心里严加戒备。

沉得下心的人不会被欲望蒙蔽双眼，他们始终能看到欲望后面是什么。贪欲的后面是枷锁，是陷阱，是悬崖。过分追求欲望的人，就是在铤而走险，不自觉地做了赌徒，不要用99%的稳定，赌那1%的名利。而这名利给自己带来的，并不一定是快乐安稳，因为需要你铤而走险的，往往是非分之想，不义之财。

鲁国有个人叫公仪休，他从小就很喜欢吃鱼。后来，经过努力，他当上了鲁国的相国。

自从当了高官，很多求他办事的人送名贵的鱼给他，他都一一婉言谢绝了。他的学生问他："先生，你这么喜欢吃鱼，别人把鱼送上门来，为何又不要了呢？"

他回答说："正因为我爱吃鱼，才不能随便收下别人送的鱼。如果我经常收受别人送的鱼，就会背上徇私受贿之罪，说不定哪一天会免去我相国的职务，到那时，我这个喜欢吃鱼的人就不能常常有鱼吃了。现在我廉洁奉公，不接受别人的贿赂，鲁君就不会随随便便地免掉我相国的职务，只要不免掉我的职务，就常常有鱼吃了。”

公仪休不接受别人的鱼，是因为他有自己的立身原则，他不会为了蝇头小利，铤而走险而沦为别人的奴隶，最终使自己想吃鱼而没有鱼吃。看来，控制欲望的最好方法就是保持一颗正直而有原则的心。一个有原则又笃定不破坏原则的人，就不会被欲望控制。

我国自古就有“富贵不能淫，威武不能屈，贫贱不能移”的古训，告诫人们一定要克制自己，保持品性的纯洁，只有这样才能称为君子。如果仅仅为了金钱，就违背自己的良心，背叛自己的理智，扭曲自己的性格，他就会变成一个连自己都觉得陌生的人。一个人一旦违背一次初衷，下一次就会更没有控制力，变得越来越没有下限。

财富不应该与责任脱离，当你追求它的时候，要对得起自己的良心；当你拥有它的时候，理应想到更多的人。君子爱财，取之有道，只要你的钱财来路正，它就永远不会变成烫手山芋，即使享受，你也心安理得。对于财富，我们应该有这样一种自觉：天上不会掉馅饼，远离不义之财；人生在世须尽欢，享受自己赚取的金钱；该知足时就知足，金钱不必多得装不下，恰到好处，才会为生活带来乐趣。

## 06 不要遗失了最贵重的东西

寻几许青山绿水，在悠然自得中让心灵得到升华。

现代社会，财富的概念已经从单纯的钱财延伸到很多方面，包括才能、素质、潜力、人缘等，这些东西都有可能为你带来钱财，可以说，它们是比钱财更重要的财富。

和钱财一样，它们也有一个“超限现象”，例如才能太多，就容易广而不专，每样会一点，每样都不精；人际太广，花在维持关系上的时间精力就会大大增加，让人产生疲惫……

那么，我们该如何对待生命中的财富，才能将不必要的东西放在“身外”？

最近，有一条微博被众多网友转载。微博的配图是一个美丽的海边别墅，露天的大阳台上放着一把折叠长椅，上面有柔软的椅垫，对面就是海景。拍照的时候是黄昏，夕阳燃在天空，让人觉得如果坐在这样的地方看夕阳，一定是一种无上享受。

可微博的内容却让人大跌眼镜，上面说，有这样一对夫妇，他们从年轻时候白手起家打拼，为了生活，为了孩子，他们为生意忙碌，终于在二十年之内有了自己的事业，买了这栋豪华的海边别墅。但是，他们仍然在打拼，别墅交给一个佣人。佣人每天的工作就是清扫别墅，做两顿饭，其余的时间，就抱着狗在阳台上看海景，享受生活……

辛辛苦苦地追求财富，为的是生活的升华和享受，但到了最后，自己依然在忙碌，没有任何歇下来的迹象，享受都给了别人，甚至是没什么关系的人。人们是该停下来仔细想想，这么累，究竟为了什么？这么追，究竟值不值得？

我们经常为青春的流逝而感叹，在我们有大把青春的时候，我们不懂得什么是生活，以致没有充分享受；当我们站在青春的尾巴上，又要为事业打拼，没有闲暇享受。我们用青春来追求财富，用生命来追逐金钱，可是，金钱却买不来我们的青春与生命。

人们所拥有的最宝贵的东西是什么？是我们的生命。如果我们的生命突然停止，那么一切的努力全都失去意义；如果我们的健康受到了严重损害，再多的财富都不能为我们换回一身轻松；如果我们的心灵陷入无望的荒漠，再多的娱乐也不能让我们露出开心的笑容。我们常常计算得失，但真正的得失，又有谁真的计算过？

有这样一位花鸟画家，从小被称为天才，他16岁时就举办了个人画展，其多幅作品被选送至日本、意大利、美国、法国等国展出，被誉为“画童”、“小天才”。在这样的光环下，人们对他的生活充满好奇。

一次画展招待会上，有人问画家：“现在的画家很多，你是如何从众人中脱颖而出的呢？期间的过程是不是很不容易？”画家微笑着摇摇头，回答：“一点都不难，而且我差一点当不了画家。小时候我的兴趣非常广泛，也很要强。我喜欢画画、游泳、拉手风琴、打篮球，而且总觉得既然努力了，必须都得第一才行。这当然是不可能的，有段时间我心灰意冷。”

众人都很好奇，画家解释道：“多亏了我的老师，他知道我的想法后，找来一个漏斗和一捧玉米种子。让我双手放在漏斗下面接着，然后捡起一粒种子投到漏斗里面，种子便顺着漏斗滑到了我的手里。老师投了十几次，我的手中也就有了十几粒种子。然后，老师一次抓起满满的一把玉米粒放在漏斗里面，玉米粒相互挤着，竟然一粒也没有掉下来。”

顿了顿，画家接着说道：“经老师提点后，我放弃了游泳、篮球等，这大半辈子都只坚持学习画画，这也许就是我画画比较好的原因吧。我想，如果我当初什么都学习的话，可能现在我什么都不是。”

有时候我们的追求太多，导致兴趣很广，心得全无。不论追求什么，方向和努力一样重要，人的一生很短，精力有限，要把它们尽量集中起来，追求一种深度。所以在人生的重要阶段，我们必须选择，选择什么对自己更重要，要学会选择舍弃，因为有舍才有得。

如何追求生命的深度？首先就要问问自己，你最贵重的东西是什么？其实回答“金钱”的人并不多，人们把感情、把事业、把生活的幸福，看得比金钱重得多，所以这才是你努力的目标，这才是你最应该珍惜的，而不是为了金钱无限制地浪费你的生命。

最贵重的东西往往需要有物质财富作为支撑，但看待物质财富，要一分为二，在心宽的人眼中，有它当然好，没有它，或者缺乏它的时候，他们也会保持镇定和乐观，不会怨天尤人，因为钱可以赚，自己的好心性一旦失去，就很难找回来；对于心眼小眼界窄的人，他们觉得没有金钱简直寸步难行，没有金钱就会被人看扁，没有金钱还会一事无成；对于守财奴而言，他们只要有金钱就够了，他们已经成了“活死人”。

有赚不完的钱财，就有做不完的工作和数不清的烦恼，最后这一切会压向你，压得你喘不过气，越来越觉得疲惫和乏味。还是把这些身外之物看轻些吧，给自己留得一方青山绿水，适当的时候，你应该从物质财富中抽身，打造自己的心灵空间，让自己不但有丰富的物质，也有充实的内心。

# 第四章

# 争不到的名誉，让一让，云淡风轻

不追求名利，生活简单朴素，才能显示出自己的志趣；不追求热闹，心境安宁清静，才能达到远大目标。诸葛亮在《诫子书》中这样告诫儿子，也是在告诫那些为了功名碌碌一生的世人。其实，等到将风云看淡之后，你会发现放下了功名才真正做到明志。

## *01* 人淡如菊，心淡如海

知足不辱，知止不殆。

螳臂当车，无疑是自不量力。淡定不仅仅是指在荣誉、名利面前能够保持平常心，也包括能够客观地认识自己、认识他人。我们要想客观地看待一切，认识一切，就离不开一颗淡然的心。如果内心不够淡然，我们就可能成为当车的螳螂。

知足不辱，知止不殆。假如我们只是按照自己的个人意愿和本能来行动的话，就有可能会自取其辱，也可能面临失败。正所谓知己知彼，百战不殆，只有了解自己和他人，才能找到应对的方法。

从前有一只高傲的蜈蚣，它觉得自己非常了不起，于是向蛇发起了挑战。它决定和蛇赛跑，约定如果赛跑输掉了，就要心甘情愿成为对方的奴隶。

蚰蜒听说之后，前来劝说蜈蚣："你为什么要和蛇赛跑呢？蛇比你身长要长得多，而且爬行的速度非常快，你怎么可能赢得了它呢？这样做简直就是自取其辱。你快放弃吧，趁现在还来得及。"

没想到蜈蚣一点都不担心，反而自大地说："蛇没有脚，我的脚那么多，怎么可能连它都赢不了呢？开什么玩笑，我一定会赢得比赛的胜利，然后让它做我的奴隶！"蚰蜒见蜈蚣不听劝，也就没有再说什么，默默地爬走了。

比赛的那天终于到来了，蜈蚣得意扬扬地爬过来，它看着蛇轻蔑地笑了笑，然后就待在原地闭目养神。比赛开始了，开始的信号一发出，蛇扭了一下身子，然后就快速地冲了出去。蜈蚣大吃一惊，没想到蛇竟然有这样的速度，它一着急，不小心几只脚互相绊住了。它马上调整自己的状态，终于协调好自己的身体之后，正准备前进，才发现此时的蛇已经在终点看着它了。

因为对自己和对手都没有足够的了解，所以使得蜈蚣自取其辱。我们有时可能因为太骄傲，而失去了客观观察一切的能力。生活之中，有时我们就像是蜈蚣一般，因为对荣耀的渴求，所以本能地追逐。但是我们在看待问题的时候缺少一颗淡然的心，所以容易变得自负，让自己成为他人的笑柄。

如果我们能够多去了解自己和他人，也许对问题就会有新的认识和解释，对于追逐的一切也许就会有一个新的看法。

在一个农舍中，有一只非常漂亮的公鸡。它有着非常嘹亮的歌喉，每天都准时报时，偶尔还会唱几句，抖抖漂亮的羽毛，然后在鸡群当中来回走动，因为这样能够听到对它的赞赏。

有一天，它一如既往地唱着欢快的歌。当它从一只母鸡身边走过的时候，母鸡异常生气地说："你这么喜欢唱歌吗？你觉得你的歌声很迷人吗？你不觉得你的歌喉非常让人难以忍受吗？这声音简直没有人能够承受。"说完之后，就扭头走开了。

听到了母鸡的侮辱公鸡非常生气，于是冲着母鸡大叫："你有什么资格对我的歌声妄加评论？你连唱歌都不会，你只会咯咯地叫，除了下蛋一无是处。"说完还准备上前去理论。

这个时候另一只母鸡走了过来，然后对公鸡说："不要计较了，原谅它吧，它其实很喜欢你的歌声，只是现在这首欢快的歌不太适合，你不知道，昨天它的孩子被可恶的狐狸叼走了。体谅一下它吧。"公鸡听完之后感觉很抱歉，于是找到母鸡道了歉。

在遭到质疑的时候，愤怒是一种常态。但是，如果失去了冷静和淡定，那么我们也就没有了观察客观事实的能力。事出皆有因，愤怒也是如此，如果我们试着去了解事情经过，那么愤怒也许就会在了解的过程中化解，这样我们才能学会包容，做到真的心宽如海。

通常在事情发生之后，我们应该学会了解事实。只有了解了实情，我们才容易做到原谅。在了解事情的过程中，不带有情绪是必要的，所以要学会心淡如海，只有保持内心的淡定平静，才能做到心如大海。

## 02 冷静淡定，不要失去对原目标的追求

只有内心宁静，才能让自己到达理想的高度。

想要寻找走出迷宫的出路，就要冷静下来。我们只有静下心思考，才能找到自己真正需要的东西，为自己制定更加明确的目标，也能让自己走得更远。有时冲动是一时的，在冲动的情况下所作的决定并非是明智的，要想确定自己的目标，就要让自己先学会冷静。

非淡泊无以明志，非宁静无以致远，不能心淡如水的人，难以找到自己的道路。若要明确自己的志向，走向更远的地方，淡定就是一种必备的素养。

有一次，一位探险家到没有人烟的沙漠中去探险。沙漠神秘而危险，稍微不留意就会迷失其中，他深知这点，所以压住心中的杂念，异常注意着周围的环境。然而意外还是出现了。

有一天，他突遇了暴风的袭击。在沙暴袭击的时候，他本能地趴到了地上，闭紧眼睛。等到沙暴过去之后，他睁开眼睛发现情况糟糕透了，因为他慌乱之中丢弃的背包不知道被风沙带到了哪里，更为可怕的是，他挂在衣服上的水壶带子被吹断，水壶也不见了！

对于沙漠之中的人来说，水就是生命，在荒无人烟的沙漠中丧生的人不计其数，找不到方向唯有等死。他有些慌乱了，因为此时的他一无所有。没过几分钟，他就觉得生命开始流逝。

偶然间，他将手伸入口袋中，摸到了一个蝴蝶的标本——那是他曾经承诺给女儿的礼物。原来他并非一无所有，他还有一个标本。他将这个标本作为自己的精神支柱。他平静了下来，开始搜索脑海中的经验和知识，然后开始寻找出路。

烈日、饥饿、口渴，这些都像恶魔一般缠绕着他，在他的耳边不停地说："放弃吧，停下来。"但是他手中握着蝴蝶标本，非常坚定而淡然地前行着。一个昼夜过去了，他的周围还是一片沙漠，他仍然平淡如水。

直到三天后，他终于走出了沙漠。虽然此时的他身体几乎到了极限，但是他还是非常淡定地握着蝴蝶标本，仿佛那是他的人生信条一般。也正是因为他冷静了下来，面对困难能够淡然以对，才能走出沙漠。

在沙漠之中丧生的人不计其数，走出来可以说是一个奇迹。其实，有时候被困沙漠中的人并非因为身体到达了极限死去，而是因为失去了理智，变得绝望。要想顽强地活着，就需要一颗强大的内心作为支撑，淡然是必不可少的一种品质，只有遇事能够淡然以对，才能为自己找到一条出路。

现代的生活节奏快，我们就变得非常焦躁，无论什么都想一下就达到目标。要知道，罗马不是一天建成的。确定目标并不困难，难的是坚持的过程。在这个过程中也许会发生很多事，但是如果我们能够保持淡然，按部就班地进行，那么自己的目标就一定能够实现。

曾经有一名年轻人，他出生在一个非常贫困的家庭中，家里条件非常有限，连保证基本的温饱都是问题，更没有多余的钱供他读书，所以他很早就进入了社会中。虽然他的家庭没能为他提供非常优越的条件，但是他自己下定决心，无论先天条件如何，以后他一定要成为连锁超市的总裁。

目标远大，需要一步一个脚印，年轻人并不冒进，每当有一点进步，他在开心过后都会淡然地继续前行。

刚开始，年轻人跟着一群人做苦力，干着非常辛苦的搬运工作，先是码头，后来到了超市。即使是搬运工，他也觉得自己终于和超市有了联系。目标非常远大，他的每一步都走得非常稳健，他坚信着他会成功，无论遇到什么问题，他都能够保持内心的淡然。

后来一个偶然的机会，年轻人成为了一家超市的促销员，他觉得他离成功又近了一步。他努力踏实地工作，他的淡然，吸引了很多人的目光，他从来不会大肆宣扬产品的各种性价比，只是不停地做着自己手里的事情。

他的销售成绩非常好，经理表扬了他，还给他发了奖金，接踵而至的一切都没有打乱他踏实前行的步伐。他宠辱不惊，他的这份淡定受到了经理的赏识。

终于，在两年以后年轻人成为了经理的助理。后来经理被总部调走，他成为了这家超市的经理。他离梦想越来越近，虽然经过了很长的时间，但是他还是向着自己的目标稳步前行，不急不躁，从来没有忘记过自己最开始的梦想。终于在多年后，他成为了连锁超市的总裁。

时间是非常能考验人毅力的东西，随着时间的流逝，我们的目标和初衷是否会发生改变，就要看我们能否一直在淡然中度过。“不以物喜，不以己悲”正是表明了我们对事情应该有的态度，确立好了目标，就要下定决心，无论遇到什么事情都淡然以对，朝着自己的目标前行，如果遇到问题时乱了阵脚，那么目标离自己就会越来越遥远。

淡泊以明志，宁静以致远。没有一颗强大的心，难以支撑强大的灵魂。无论是荣耀、地位、财富，还是困境、挫折、失败，都要淡然以对。只有内心的宁静，才能让自己到达自己理想的高度。

## 03 名利，不可为之所累

豁达者，不为名利所累所困所惑，以淡泊之心对待名利得失。

名利，是很多人都会向往的，追逐名声、财富和地位甚至成为了人的一种本能。有时我们会受到名利的诱惑而追逐，却忽略了自己内心真正需求的东西。面对名利，我们需要一颗足够淡然的心，唯有如此，才能把握名利，而不是被它支配。在能够控制的范围内，名利会为我们带来很多东西，但是如果我们没有淡然的内心，那么名利就会成为我们的负累，我们所追求的幸福，也成为了一种负担。

除了我们内心的向往会让我们追逐名利外，有时人们的眼光也会影响我们。对于我们真心想要的东西，我们追逐的过程也是一种快乐，然而为了他人的眼光而追逐，那么只能让自己感到不堪重负。

从前有一个男人，他带着自己的儿子到集市上去卖驴。两个人从家里徒步出发，一路上有说有笑，听着鸟语，闻着花香。

当路过一个村子的时候，有一对老夫妇，看见他们两个人牵着驴走路，于是老头说："老婆子，你看那儿有两个傻子，明明有驴，却非要徒步前进，牵着驴走，真是愚蠢到家了。"老太太也跟着附和。男人和儿子对望了一会儿，然后男人将儿子抱上了驴背，他牵着驴走。

当路过第二个村庄的时候，遇到了一群正在玩的小孩，于是小孩子们讨论开了。一个小孩指着坐在驴背上的儿子说："你们看呀，有一个不孝子，竟然自己骑驴，让父亲走路，真是太不孝顺了。”听完这句话之后，两个人看了看，儿子下了驴背，让父亲骑了上去，继续前行。

到了第三个村庄，遇到了一个三口之家，女人抱着孩子对她丈夫说：“你看，真是狠心的父亲，孩子那么小，竟然让小孩子走路，自己骑驴，真过分。”儿子和父亲思考了一会儿，两个人都骑了上去。

路过第四个村庄的时候，正巧遇到了两个放牧人，一个放牧人对另一个人说：“那头驴真是可怜，竟然要承受两个人的重量，那两个人真是太残忍了。”父子两人不知道应该怎么办，父亲一气之下，带着儿子将驴背了起来。

终于到了集市，没想到刚到集市，人们就议论开了：“你们看那两个傻瓜，竟然背着用来驮人的驴子。真是愚蠢到家了。”“他的驴子一定身体不健康，不能买他的驴。”父子两人听着这些议论，终于什么都没有说，牵着驴子徒步回家了。

仅仅因为他人的几句评论，父子两人就乱了自己的阵脚，只想着一味迎合他人的评论以留下一个美名。没人喜欢骂名，所以有时我们为了他人的眼光而选择迎合，选择追逐，但那些也只是自己的负担。走自己的路，任他人评说，对待议论淡然一些，自然就不会被这些议论所累。

除了他人的看法外，有时我们追逐名利是因为内心的一种向往，尤其对于自己未曾到过的高度，人们总是充满了憧憬和好奇。然而，随着名声的增长，我们可能会失去淡然的心，名声成为了让自己感到不快乐的源头。骑虎难下只能选择继续维持自己的名声，如果心不淡定，很可能为此付出巨大的代价。

有一名漂亮的女孩子，她非常憧憬明星，于是下定决心无论如何要成为一个明星。为此，她给自己制定了魔鬼训练计划。她本来长得很可爱，脸上有一点点婴儿肥，但是为了成为明星，她决心成为骨感美女。

女孩减肥成功之后，真的成为了一名骨感美女，搭配着她独有的性感嗓音，在出道的一开始，就被经纪人打造成了性感、冷艳的形象。她喜欢唱歌，也喜欢笑，但是为了自己成为明星的梦想，她按照经纪人的要求扮性感、装冷酷。

渐渐地，女孩越来越出名，几乎人人都知道了这名看起来不爱笑的冷酷美女。因为出道形象的关系，她不得不保持这样的形象。曾经她生活得非常恬淡，唱自己喜欢的歌，看自己喜欢的节目。但是成为了明星之后，她处处都要注意自己所保持的冷艳形象。

她的幸福只停留在她成名的初期，因为她的名声越来越响，她过去的照片也被翻了出来，人们抨击她伪造自己，不是天生的骨感美女。她感到痛苦，感到难以接受，她不想向歌迷承认自己曾经为了成名而努力减肥，因为她已经习惯了保持自己的冷艳形象，即使这个名声已经成为了她的负担。她没有和歌迷解释，也没有接受歌迷评论的淡然，最终选择了服毒自杀。

保持名利有时比追逐更加困难，因为身在名利之中的我们如果缺乏一颗淡然的心，就非常容易迷失自己。得到和付出是成正比的，在得到名利的同时意味着我们要付出很多。故事中的女孩为了维持自己的形象不得不选择伪装，为了得到，所以付出更多，在这些得失面前，只有保持淡然，才能不被名声所累。

名利并非不祥之物，只是我们在名利面前难以保持平常心，缺失了一份淡然。要想不变成名利的奴隶，我们就要学会将名利看开，时刻保持一颗平常心，淡然面对一切。

## 04 看淡名声，你的世界就广阔了

名声越大，人所受的限制就越多。

得到和付出是成正比的，要想得到多少势必就要付出多少。

名声会将一个人曝光于公众眼中，所以名声越大，属于自己的空间就越小。想要追逐名利，就要相应地付出。想要成为公众人物，就意味着要对自己的一切行为负责，自己的人生也就不再只属于自己。

名声越大，所要担负的社会责任就越重。如果没有足够的心理准备，没有一颗强大的内心，那么就不适合做一个公众人物。作为一个声名显赫的人，要清楚自己所负的责任。

汤玛士·华生是著名IBM公司的总裁，他每天都非常繁忙，工作事务基本上塞满了他全部的时间，他的日程表上密密麻麻地记载着需要做的工作，几乎没有休息的时间。每天他都为了工作而忙碌。在美国，他也算得上是一个能够呼风唤雨的大人物，几乎无人不知，无人不晓。

一天，华生发现自己的身体出了问题，他开始血压升高，而且精神状态也非常不好，总是有心神不宁的症状出现。因为身体上的原因，也影响到了工作，他的工作频频出现失误。

无奈之下，华生在百忙之中抽出了时间去看了医生。检查过后，确诊为心脏病。这样的病需要加强休息，但是因为关心自己的公司和生意，于是他还是坚持工作。医生劝他也不能让他改变，他说："我的公司不是一个小公司，我是公司的总裁。我每天的工作都多得做不完，休息的话，公司会出现问题的。我需要负责的不是我自己，我需要为一个公司负责。"

华生说得没有错，因为他已经不是一个平平庸庸的人，而是家喻户晓的人，所以他的人生也不再是他自己的了。因为名声和责任是成正比的，如果我们站到了一定的位置，就意味着我们要对更多的人负责。

名声过大，我们所能掌握的属于自己的世界就越小，自由也就越有限。名声过大未必是好事，即使是美名，也会让自己的人生转向自己无法控制的方向。

其实，潇洒地活着也是一种幸福，名声带给我们的也许不能弥补我们所失去的。做一个平凡人也不错，享受生活的美好与宁静并没有什么不好，我们实在没有必要将自己推向风口浪尖，心胸豁达一些，将名声看得淡一些，我们的世界自然也就广阔一些。

# 第五章
# 理不完的感情，掂一掂，量力而行

生活离不开感情，若不能正确看待它，也会成为心灵的负担。心窄者看“情”，往来的不是礼仪就是债务；心宽者看“情”，重视的是自己或他人的一份心意，感受的是人与人之间那份来之不易的情谊。掂一掂感情，尽力为上，但求无愧。

## *01* 用豁达的心看待感情

个人能力再强，也不可能为所有人提供帮助。

人字的结构，就是相互支撑。可见人与人之间，互帮互助是一种基本状态，甚至是必要状态。但人们之间的关系一旦牵扯到“感情”，就会陡然变得沉重，很多时候，我们预想中的感情，和实际情形并不一致，我们需要在挫折与伤痛中，慢慢看透感情。

两个中年男人喝酒谈天，说到“感情”这个话题，一个男人喝了一杯，低声说：“我曾经遇到过一件事，让我对朋友和感情有了更深的看法，从那以后，我不敢说自己会看人。”另一个人说：“虽然我不知道是什么事，但一定和金钱有关吧？感情只有牵扯到金钱，才能让人看得明白。”第一个男人领首，说起了自己的经历。

男人从小家境不错，一直以来都很慷慨，也有很多朋友。踏入社会以后，他的事业一直顺利，朋友如果有困难，只要开口，他一定会帮忙。他自认自己是个够义气、有人缘的人，也相信自己遇到困难的时候，很多人都会愿意帮一把。

几年前，他投资失败，所有的存款都赔了进去，刚好父母手头也不方便，根本帮不了他。他的生意急需资金周转，需要的钱不算多，几万元就能解燃眉之急。他发短信把这件事告诉朋友们，没想到多数朋友都声称自己最近也遇到了财政危机，不是亲戚住院了，就是手头在周转。只有三个人立刻表示愿意帮他，两个直接把钱打了过来，一个凑了三天，把钱转给他。更让他惊讶的是，这三个人中，有一个是他从小到大的兄弟，另外两个竟然是平常并不怎么亲密的友人。

从那时候起，他开始认得清谁更值得交往，也开始明白，平日帮助别人，不一定能换来困难时候别人对你的帮助。后来他的事业再次回升，他依然对人很慷慨，只要有能力就会帮别人一把，但他不会再对人抱有过高的幻想，而是更加珍惜那几个真正的朋友。

我们所体会的感情，永远与想象的不太一样，就像我们需要帮助时，能帮助自己的，常常是自己想不到的人，所以有经验的人才说，想要求助的时候，不要太指望那些你平日帮助过的人，最好去求那些平日就在帮助你的人。人性很复杂，你无法看透人心，但你应该在心中有一个区分，谁能帮你，谁不能帮你，这才能在社会中找准自己的位置，遇到事情不至于在熟人那里碰壁。

不要对别人抱有过高的幻想，即使你为他付出了很多，他也未必有能力回报。或者说，当你真的想付出的时候，就不要想回报。想想你自己欠过的东西，真的还得清吗？自己如此，也不要强求别人。能够区分出人心，已经是难得的领悟。只要你看得开，就能平静地面对他人所做的一切，不管那符不符合你的希望。这样，你轻松，别人也轻松。

能力允许，帮别人一把，永远不是坏事，但帮忙也要有个限度，你帮的忙太大，让人觉得不知道怎样报答你，对别人来说也是个负担。

蔡女士家境富有，不但自己拿着高薪，丈夫的工作更是能让全家人衣食无忧几十年，她也成了亲朋好友羡慕的对象。人有能力，找她帮忙的人自然也不少，特别是她在农村的亲戚，大事小情都要找她帮忙。

一天，蔡女士的女儿小琳放学回家，看到一个亲戚正坐在客厅和妈妈说话。妈妈说："最近股票被套牢，我们实在是拿不出来钱。小琳这次的全外语夏令营都没报，真是不好意思，不能帮你。"

客人面色不豫地走了，小琳这才开口问："妈妈，我的夏令营不是报了吗？你为什么要骗人？"蔡女士说："因为妈妈不想借钱给他，你有没有听过'救急不救穷'？"

小琳摇摇头，蔡女士对女儿解释："记住，你的能力是有限度的，不可能帮人一生一世。所以，你把钱借给一个不思进取的人，下一次，他会继续找你伸手；而那些需要一笔资金周转的，是有决心也有能力翻身的人，帮助他们，你不必担心他们不还钱，更不用担心会耽误他们，你的帮助只会让他们过得更好！"

当我们成为有能力的人，当感情不再是我们的负担，我们也要有选择性地去帮助别人。毕竟，我们再富有，也不可能帮助所有人。何况，善良也有一定的限度，不能总是透支，否则会给自己的生活带来麻烦。帮助别人，而不是让别人变成只能依赖你的废物，对你对他人，都是一件好事。

要以豁达的心态看待感情，它与路边风景、路人并无不同，你当然也会为它们惊叹或付出，但那都是有限度的，不会过分打扰你的生活，所以付出的结果，也不会过多干扰你的生活。只有看穿这一点，你才有可能做个“感情高手”。

处理感情的高手不是烂好人，但他们一定是人们心目中心存厚道的好人，他们有自己的原则，而且会和别人说明这个原则。真正需要帮助的人，他们会主动施以援手；强人所难的人，他们会干脆拒绝；他们帮助别人从不要求回报，因为这种要求可能会让彼此尴尬。如果你能做到这些，你就会发现，处理感情并没有那么复杂，你也绝对不是没有收获，不但那些被你帮过的人心存感激，很多和你没有感情关系的人，也会愿意为你提供帮助。

## 02 君子报恩，三年不晚

心中牢记他人曾给予我们的帮助。

中国是一个讲究“知恩图报”的国家，当我们感激别人的援手时，就总是想要为对方做点什么，一来表达自己一份心意，二来向对方证明自己并非忘恩负义之人。但是，如果太过急切地想要回报，往往让双方都觉得不自在。

唐先生最近换了工作地点，新的工作地点离家只有半小时路程。从前，他每天上下班要花三四个小时时间，每天把时间浪费在交通上，这让唐先生辛苦又无奈。有一天，老婆灵机一动，对他说：“你们公司的副总就住在咱们小区，如果能请他帮帮忙，也许能给你调动到离家近一些的分部。”唐先生于是真的去求那位邻居，邻居还真就帮忙办了这件事。唐先生想要送点礼物，邻居连连摆手：“又不是什么大事，这么做就太见外了。”

但唐先生总觉得自己欠了别人一个天大的恩情，总是想找机会还上。他听说对方喜欢养花，就到处找好的花种；听说对方的孩子喜欢模型，也趁着孩子生日送过去……偏偏他送的东西并不合对方的心思，那位副总皱着眉说：“邻里之间，帮衬一下是应该的，你总这样，下次有事，我都不敢帮你了。”

唐先生觉得很郁闷，怎么自己一腔好心也同样不招人待见？难道自己真的做错了吗？他的妻子对他说：“你不要这个样子，人与人之间互相帮助是不能用物质去衡量的。我们做一顿可口的晚餐，请邻居全家过来做客，不也是一种很好的表达方式吗?”

唐先生听了，心中的阴霾一扫而光。

帮人做事，也有它简单和质朴的一面。有些人帮你做事，不是为了得到感激，从没想过让你回报，对于他们来说，事情并不大，举手之劳解了别人的麻烦，换来自己的好心情，这就够了。如果你非要大张旗鼓地报答，反倒让他们觉得索然无味。

对待感情问题，人们相信“礼多人不怪”，但很多时候，帮助你的人觉得多一事不如省一事，并不希望你把这些事时时刻刻挂在嘴边，而且这也会给他们造成无谓的心理压力。因为他们固然希望你记得这些事，但你把这些事时时刻刻放到台面上，又让他们觉得太过小题大做，说穿了，他们觉得你太拘谨，他们更希望与你自然而然地相处。

只有把心胸放宽，心态放平，才能做到自然。没错，对方是帮了你，你理应心存感恩。但是，有必要一下子把对方摆得高高的，见面恨不得行个礼以示尊重吗？不要这么拘谨，大大方方地和人家打招呼，当面表示感谢，你就能给人留下知书达理的好印象。

要相信，更多人的看重的是你的感情、你的心意，而不是你究竟为他们做了什么了不得的大事。

何必把眼光一直盯着“现在”？“记得”这份心意才是最重要、最难得的。

看透这一点，你就能以更平和的心态与他人交往。

## 03 助人要量力而行

量力而行，是助人的学问，也是做人的学问。

在生活中，不少人都曾经经历过“想做好人没做成”的情况。我们一腔热血，遇到的却是一盆冷水，体会的是心灰意冷，感叹的是人与人之间无法互相理解。其实这个时候我们可以幽默一点，嘲笑一下自己，也要检讨一下，毕竟，当好人也需要天时、地利、人和！

话说得满，事做不到，就算你一腔好心费时费力，最后也落得埋怨。就算你有这个能力，也要想想不怕一万就怕万一，万一你没办成，别人怎么想你？也许你会抱屈：我费了那么多力气，虽然没办到，但也不能这么不理解！可是，别人怎么知道你的真实情况？

就算你真的想帮别人，真的有这个能力，也要低调一点，不必拍着胸脯对别人保证什么，办成之后给对方一个惊喜，岂不是让人印象更深？别人求你的事，你答应了，也要加上一句：“我不一定办得成，但我肯定会尽力。”话放在这儿，办不成也不算欺骗，别人也说不出你的任何不是。

刘毅最近升职，心情大好，找了几个哥们儿在小饭馆喝酒庆祝。酒过三巡，在另一家公司做小主管的李立说：“刘哥，你可真行！为了你新官上任能红火，你的第一笔单子我包了！”在座的朋友都夸李立够义气，刘毅更是感激，连连向他敬酒。

第二天，李立就开始为这件事奔波。他本来以为从公司给刘毅签一批货不是什么难事，没想到公司的每笔单子早就定下了买家，他好说歹说，销售员们只是为难地摇头，根本不松口。为此，他还找了自己的领导帮忙，领导却也没什么办法。

就这样忙了半个月，事情还是没个眉目，刘毅打电话询问这件事，他只好吞吞吐吐地说了情况。刘毅没说什么，半晌才憋出一句："真这样，你早说不就行了。"说着挂断了电话。这件事朋友们都知道了，不是说李立太能吹，就是说李立根本没用心办，摆了刘毅一道。李立满肚子委屈，根本不知该跟谁说，只能后悔当初不该夸下海口，多管闲事。

有一句俗话就是形容那些喜欢吹牛的人，"打肿脸充胖子"。为什么有那么多人喜欢充胖子？因为他们很希望得到别人的正面评价，如"够义气"、"有本事"、"台子硬"等，很多人就为了别人这么一句夸奖，没本事也要吹。

但话出了口，事就要跟着办。这个时候，再承认自己没能力，不只是丢脸，还会成为大家的笑柄，所以只能硬着头皮去做。这种时候往往"赔了夫人又折兵"，哑巴吞下黄连，和谁也不能说，真是自讨苦吃。就算你说了，也得不到别人的谅解——人家只会怪你添乱，坏了别人的计划。

所以，千万不要因为想要获得他人一时的感激，去做那些自不量力的事，给你自己的生活带来麻烦，更不要卖弄自己的本事，随意许下诺言，你许诺了别人，就会有更多人来找你，到时候，你答应哪一个？拒绝哪一个？都不合适。

人应该活得很大气，这个"大气"不是指别人求你什么，你立刻就能一拍胸脯，说你一定帮助他，而是在自己的确有能力的时候，愿意为对方服务，没能力的时候，坦然干脆地承认，和对方一起想其他出路。这样的人，即使拒绝别人，也不会让别人觉得“不够意思”，关键就在于你是否树立了坦然的形象，只要你量力而行且一诺千金，人们就都会觉得你是个值得信赖的人，这是助人的学问，也是做人的学问。

## *04* 莫把感情当成一种投资

感情，应该有一种不掺任何杂质的纯净。

“我付出这么多，为什么要这么对待我?”这样的话，你一定不陌生，也许有人对你说过，也许你对别人说过，至少你一定亲耳听过别人说这句话。因为感情总是和付出有关，但付出和回报又不一定成正比，于是世间就会有不平和埋怨。之所以如此，这是因为人们并没有真的看透感情。

有这样一位单身妈妈，既有普通父母的望子成龙之心，又觉得孩子更不能输给别人，一定要出人头地。为了达成这个目标，她尽心尽力地扮演着双亲的角色，不惜一切代价努力赚钱，即使再忙也不放松对孩子的呵护。不论是家长会还是学校的各项活动，她一定挤时间到场，让儿子不会产生心理问题。

为了儿子能够全面发展，她让儿子学了很多东西，为的是为将来铺路。儿子也非常争气，在学习上异常努力用功，最终以优异的成绩考上了美国的大学，母亲为自己的儿子感到自豪。

几年后，儿子大学毕业，在美国定居，并且遇到了心仪的姑娘，还结婚组建了家庭。她感到非常欣慰，决定在自己离休后到美国和儿子团聚，安度晚年。

就在她离休后，她写信告知儿子自己要去美国，但她收到了儿子寄来的一张支票和一封信。儿子在信中说他们的家庭很稳定，不希望她去打扰，还说十分感谢她的养育之恩，还将这些年的花费计算了之后又添了一些钱寄给她，希望从此以后她不要再去打扰他的家庭了。

一生的心血付出去，却收到这样的信件，对她来说可谓是一个非常大的打击。她没想到，自己付出一切尽心尽力培养出的儿子竟然会嫌弃自己是一个负担，要和自己断绝关系。她每天对着支票发呆，过着痛苦不已的日子。

可是，痛苦又有什么用？这么多年，她没有几个朋友，即使现在她住院了，也只能用自己赚来的钱雇一个护士照顾自己，儿子大概再也不会回到身边，难道她的生命只能在孤寂与怨恨中度过？一场大病后，她终于想开了，自己过了那么多年的苦日子来抚养儿子，现如今应该要享受生活了，一味陷入痛苦之中，什么也不能改变。

她站了起来，开始计划用这笔钱环游世界。在这个过程中，她认识了不少人，有年少的，也有年老的，她突然发现自己竟然错过了这么多东西。于是，没有儿子，她也度过了一个非常安逸而美好的晚年。

当我们付出的感情没有得到回报，反而受到伤害，应该报复，还是应该宽容？这要看你如何看待这段感情，毕竟它不是一种投资。如果你看不开，那么受伤的只能是你，作茧自缚的也是你，甚至为此产生郁郁不乐的人还是你，更让你郁闷的是，你并没有做错什么，错的是别人。

别人对你不公平，你却要对自己公平。既然之前已经付出了很多，现在，你该享受属于自己的时间了，何必计较这些算不清的感情恩怨？别人负了你，你更不能辜负自己。看开一点，原谅别人，就是放过自己付出的感情，总是收到过一些温暖的回忆，这就够了。

看淡付出，珍惜收获。这是心宽的人为人处世的法则，他们看重的是自己的心意，而不是别人做了什么，如此，他们才能在人生道路上随处看到风景。只要铭记这个道理，你也能在感情波折之中品味其中的美好和心灵的怡然。

## *05* 几杯清酒寄清心，一声感恩暖人心

感情最让人温暖的地方，不在于它的回报性，而在于它的传递性。

欧洲有一个节日叫“感恩节”，这一天，人们要对身边的人表示感谢，不但要感谢自己的亲朋好友长期以来的关照，也要感激同事、感激邻居、感激曾经对自己给予帮助的人。我们也许暂时没有能力回报他人的付出，但至少要在心中铭记着他人的奉献，这就是感恩。

欧洲有个城市，有一年闹起了饥荒，商店里的食物早被抢购一空，有的人家里根本没有粮食，每天都面临着挨饿。这时，一个家境殷实而且心地善良的面包师把城里的几十个孩子聚集到一块，然后拿出一个盛有面包的篮子，对他们说：“这个篮子里的面包你们一人一个。你们每天都可以来拿一个面包。”

听了这一番话，那些饿了好些天的孩子仿佛一窝蜂一样涌了上来，他们围着篮子推来挤去，大声叫嚷着，谁都想拿到最大的面包。当他们每人都拿到了面包后，竟然没有一个人向这位好心的面包师说声“谢谢”，闹哄哄地向自己的家中跑去。

只有一个叫苏珊的小女孩例外，她既没有同大家一起吵闹，也没有与其他人争抢。她只是谦让地站在一步以外，等别的孩子都拿到以后，才把剩在篮子里最小的一个面包拿起来。而且，她没有急于离去，她向面包师表示了感谢，并亲吻了面包师的手之后才向家走去。

第二天，面包师又把盛面包的篮子放到了孩子们的面前。其他孩子依旧如昨日一样疯抢着，羞怯、可怜的苏珊只得到一个比头一天还小一半的面包。当她回家以后，妈妈切开面包，许多崭新、发亮的银币掉了出来。

妈妈惊讶地叫道："立即把钱送回去，一定是面包师揉面的时候不小心揉进去的。赶快去，苏珊，赶快去!"

当苏珊把妈妈的话告诉面包师的时候，面包师面露慈爱地说："不，我的孩子，这没有错。是我把银币放进小面包里的，我要奖励你。愿你永远保持现在这样一颗平和、感恩的心。回家去吧，告诉你妈妈这些钱是你的了。"她激动地跑回了家，告诉了妈妈这个令人兴奋的消息，这是她的感恩之心得到的回报。

感恩，是感情关系中的重要链环，但是，很多人倾向于把感情简单化、功利化，而不是"深厚化"。受到人帮助的人，必然在某一方面处于弱势，等待别人援手，但如果你将这援手视为理所当然，你的心灵无疑也处于弱势：你不能理解人与人之间美好的关系，而把一切看得冰冷机械。

每个人都要学会对他人感恩，在言语上行动上都要有所表示，哪怕这表示仅仅如故事中的小女孩的一句谢谢和一个亲吻，但这已经能让帮助你的人觉得开心。要知道，帮助你的人是同情你的处境，才会付出自己的力量，他在帮你的同时，就知道你没有回报的能力，所以，你也无须绞尽脑汁想着如何报答，只需要把这份恩情牢牢记住，就已经符合了对方的心意，甚至给对方的生活增加了一丝人性的色彩。

镇里有个医生，不但医术高，心肠也好。如果有人来他的诊所付不起诊金，他就只收基本的医药费，不让他们为难。人们都说他是个难得的好人。那些得到过他帮助的人虽然没法偿还医药费，但他们每年打下粮食、收了菜，都忙不迭地给医生送上一份。

一次，有个病人问医生："你为什么这么好心？现在，像你这样的人可不多见了。"医生说："我小的时候，家里特别困难，但我又是个爱读书的孩子，父母经常为这件事发愁。从小到大，我记得每年他们都在四处告贷，为的就是让我能继续读书。后来，我要上大学了，亲戚们也都很困难，没有什么办法。幸好邻镇上的一个老人听说这件事，给我出了一大笔学费，还特意给了我生活费，我才能顺利读完大学，成为一个医生。"

"后来呢?"病人问，"那位好心的老人现在怎么样了?"

"那我就不知道了。"医生遗憾地说，"我上大学那一年，他就搬走，再也没有回来过。我也不知道他的地址。我想，我报答不了他的恩情，只能做一个像他一样的人，尽量帮助有困难的人，这也许才是对他最好的回报。"

感情最让人温暖的地方，不在于它的回报性，而在于它的传递性。有时候你接受他人的帮助，没有能力也没有机会还回去，等你有了能力，却发现对方根本不需要。这时候，你是否就可以心安理得？不，你应该做更多的事，例如，用你的能力去帮助有困难的人，就像当初别人愿意无偿地帮助你。

我们已经说过，不论做什么事都要大气一点，看得远一点，感情关系不是简单的你来我往，不是一条线段，它是一张网，你是其中一个结点。你愿意帮助他人，你的方向就越多，这张网就会因你的付出而紧密；相反，如果你根本不在乎感情，这张网就会因为你多了一个窟窿。把感恩意识根植在心里，感情才能让你觉得轻松美好，而不是一笔又一笔的负担。

什么是真正懂得感情？印度圣雄甘地坐火车的时候，曾经把一只鞋子掉在车窗外，这时，他立刻脱下另一只鞋子，扔向铁轨，他说：“也许鞋子会被一个穷苦的人捡到，这样做他才能凑一双来穿。”简简单单的一个故事，包含了“感情”的全部：一颗对他人宽厚慈悲的心，不计回报的态度，还有想要传递温暖的善心……

# 第六章
# 看不惯的世俗，静一静，顺其自然

在人与人的接触中，有些人、有些事我们无法回避，事业的忙碌，人际的复杂，生活的压力，让我们难免会与周围的人产生摩擦。我们看不惯的事太多太多，有没有想过这只是因为自己太过计较？静一静，你不去想凡尘琐事，谁又能够打扰你？

## *01* 种植荆棘还是玫瑰

赠人玫瑰，手留余香；赠人荆棘，手有余伤。

如何与人相处是很多现代人的心病，人们总在捧着“人际宝典”之类的书籍细心钻研，小心地揣测身边的每一个人，寻找最恰当的相处方法。其实，与人相处哪有那么多的麻烦？俗话说“种瓜得瓜，种豆得豆”，你真诚友好，多数人都会欢迎你。只要你不要没事找事，自以为是，犯下面这些错误就好。

王宁是个活泼又开朗的小伙儿，给人的第一印象都是："哟！这小伙儿真精神！真帅气!"但是，良好的第一印象过后，人们的感觉仍然是一致的：这个年轻人太浮躁，太喜欢表现自己，什么事都要出风头，让人心里不舒服。

王宁刚进公司就表现得十分活跃，大会小会，他都要抢着发言。如果别人先说了什么，他一定要接一句："对对，我也是这么想的。"每次做出什么成绩，他一定要吹嘘一番，务必让领导看到自己的功劳。团体合作的时候，他毫不谦虚，总认为自己付出最多，理应获得最多的回报。久而久之，他的人缘越来越差。

但是，王宁的心地其实并不坏，公司里的人不论什么事想找他帮忙，他都愿意帮助，只不过帮忙后一定要显摆自己有本事，而且，他最受不了的就是别人表现得比他好，一定要盖过别人才肯罢休。他这种个性，连领导都直摇头。

最近，王宁也发现，在公司同事与自己只是见面打个招呼，那些受到过自己帮助的人，也没有感激的意思。他不知道什么地方出了问题，十分苦恼。他不知道，正是他那种毫不掩饰的个性，让他由本该受欢迎的帅哥，沦落成无人理睬的"野草"……

有一种人容易四面树敌，这种树敌是无意识的。这种人最大的特点是喜欢炫耀自己，不论在什么场合，只要有机会，他们就会当仁不让地出风头，即使只有一丁点成绩，也要宣扬得所有人都知道。有了这样一个人，其他人没有发挥的余地，自然心里不会舒服。

中国画有一种技法叫作"留白"，将画面的主体绘制出以后，其余的部分全是洁白的宣纸，让看画的人可以驰骋自己的想象，让想要题诗的人能有写诗的地方，让名家的收藏印章印得端正，不会影响画面的整体效果。这是绘画的学问，也反映了国人做人的学问。

做人要懂得“留白”，人生的舞台上，你固然要展现自己的风采，但也不要把别人全挡住，不然，就算你当上主角，演的也是独角戏。要知道，人们喜欢的都是群戏，独角戏往往没几个人肯看。要给别人留下发挥的余地，也要有玉成他人的胸襟，你的人缘才会越来越好，处事时才会越来愈顺利。所以，即使有锋芒，也要收着点。

钱太太是个居家型女人，也许，她太过居家，导致性格琐碎，让人头疼。任何时候，钱太太都不肯吃亏。小到菜市场小贩少找了几毛钱，邻居家不小心把垃圾撒到了她家门前，只要她觉得不顺眼、不顺心，就一定要和对方大吵一架，让自己舒心，让对方憋气，她才觉得自己没被欺负。有一次同小区邻居家的狗和钱太太家的狗玩闹，她的狗被划伤，对方好言好语又赔偿医药费，钱太太还是刻薄地挤对人家，让那人的脸青一阵白一阵。

钱先生经常劝钱太太对人宽容一点，凡事不要那么小气，钱太太振振有词地反驳：“不小气？你以为百万富翁的钱不是一毛一毛攒的？宽容？这年头人善被人欺，你宽容了别人，谁宽容你？”说到最后，还要骂钱先生太窝囊，根本撑不起一个家。

这天钱先生下班，接到太太的电话，钱太太大哭着说家里的狗走失了。钱先生连忙回家找狗，一路上都有人说看到过他们家的狗。钱先生哭丧着脸说：“既然知道是我家的，也看出来是走失的，为什么不帮忙拉一下？”邻居们都说：“不是不想帮忙，不过一想到你老婆不知会想到啥、说出啥，就觉得还是别管闲事了，没准会被当成偷狗的。”

贴了三天的寻狗启示，狗才终于找了回来。这一次钱太太算是受到了教训，从此以后看到别人，她尽量和颜悦色。别人不小心招惹她，她也不再像以前一样河东狮吼。渐渐地，小区里的人开始接纳钱太太，她自己也不再像以前那么浮躁，没事就想生气……

与人相处，讲究“赠人玫瑰，手有余香”，你不能指望你给了别人一筐荆棘，别人还你一束兰花。以德报怨的人是有，但一来人数太少，二来你根本没有那个价值让他们“德一德”，看到你那副嚣张的样子，别人就会退避三舍，不敢和你接触。要知道厚道的人并不是傻瓜，他们也希望与宽容友好的人相处，而不是找个处处得理不饶人的，处处找气生的人。

社会上有形形色色的人，他们未必符合你的喜好，但如果一味由着自己的性子，想说就说，想骂就骂，一个劲较真，那就会像故事中的钱太太那样，失了人心，再也没有人愿意接近她、帮助她，给她一些有益的建议。纵容自己的坏脾气，就是在孤立自己，远离他人，但其实，你并不想当隐士，你仍然需要别人的关怀与重视，不是吗?

看不惯的时候，首先要让自己多一点涵养。有一个成语“虚怀若谷”，说的就是人的心胸应该像空荡的山谷那样，既能容忍美的东西，也能容忍丑的东西，即使再多的人来来往往，也不会影响到它的宽广和深邃、善意与美丽。如果你有这样的一份胸襟，自然不会动辄与他人争执，让他人为难，你的生活也会因此而变得平静和顺，因为看到你，别人的心情就会不自觉地好起来。所以，多多播撒一些花种，让你的生活有更多的芬芳吧。

## *02* 用欣赏的眼光看人，越看越顺眼

收起架子，将自己的眼光放在与他人的优点平行的高度。

想要觅得心中清静的人，害怕的不是人潮汹涌产生的噪音，而是害怕人性的丑陋面，当贪婪、卑鄙、狂躁等性情在你眼前依次上演，你会感叹人心叵测，恨不得远离尘世。但是，人性本身有美有丑，其实你不该责备别人的“陋习”，而应该检讨自己的包容力够不够。

人们都说陈生是个太过清高的人，他似乎不屑于和公司任何人接触。虽然是领导，但他和自己的下属很少有工作以外的言谈，就连与自己的秘书也很少交谈。别人和他多说几句话，他就会露出不耐烦的表情，不停地看表，让人尴尬不已。

对于陈生来说，他的确不想多和人接触。他总觉得他们说的话题很无聊，男的聊钱和女人，女的聊钱和男人，他觉得他们从里到外透着俗气，让他完全不赞同。所以，除了工作接触，他完全不想跟别人交流，他很希望能够多一点独处时间，让自己的耳朵能够远离那些鼓噪，或者接触一些真正有内涵、有修养的人，谈一些高尚的话题……

故事中的陈生除自己之外看所有人都不顺眼，这是很多现代人从未说出的心态。随着社会的进步，科技的飞速发展，现代人越来越自卑，

总是觉得自己远远落后；现代人也越来越自大，总是觉得自己在某一方面高人一等，别人远远比不上，这“某一方面”，往往是道德上和习惯上的某种优越感。

我们也不止一次地看过这样的人，所有人都在热火朝天地聊天，只有他在一旁露出不屑一顾的神色，或者礼貌的微笑，表示他对话题一点也不感兴趣。也许我们也曾无意中做过这种事。我们常常觉得别人不够善良、不够忠诚、不够坦白、不够宽厚、不够有内涵，其实，别人真的不如你吗？你的自我感觉会不会过于良好？

你有没有想过，将别人看低，是因为你端着架子，总把自己看得太高？说穿了，你看别人不顺眼，是因为内心的优越感，这种优越感，恰恰说明你没有容人之量。你容不下别人的见解、别人的乐趣、别人的性格，在你看来，那些太俗。而你又有多雅？给别人一个孤僻的身影就是“雅”，就是“举世皆浊我独清”？醒醒吧，你还没有屈原的才学和觉悟，就先不要故作高深，现在的你也不过是个为一日三餐打拼的年轻人。

吉米出生在渔民家庭，这个家庭世世代代以出海打鱼为生。吉米从小就能缝补旧渔网，捕捉鱼饵，修理船只。18岁那年，爷爷决定带他出海。

大海深处，爷爷教他如何使舵，如何下网，如何根据水面颜色的变化辨识鱼群。就在他听得起劲的时候，老天突然变了脸，刚刚还晴空万里，风平浪静，现在却狂风大作，巨浪滔天……爷爷马上命令道：“快，赶快拿斧头把桅杆砍倒！”他不敢怠慢，立即抓起斧头用尽全身力气把桅杆砍倒。大海重新恢复了平静，祖孙俩用手摇着橹返航。他不解地问爷爷：“为什么要砍断桅杆？”爷爷说：“帆船前进靠帆，而升帆靠的是桅杆，就是说船要行得快，必须靠桅杆和帆。我们现在为何行得慢，就是因为没了桅杆和帆。”顿了顿爷爷又说，“但是，由于桅杆竖得高，又使船的重心不稳，遇到大的风浪就更加危险了。所以，我让你砍断桅杆，就是为了降低重心，使船能稳定下来。”

日后，吉米当上了造船公司的总经理。不过，在他的办公室墙上有这样两句话：“竖起桅杆做事，砍断桅杆做人。”他说，这是他的“座右铭”。

人在社会中求得生存发展，就如船只在海上行驶，随时立着高高的桅杆，看似威武，实际上会给自己带来危害。做人如果始终端着架子，就失去了对他人的尊重，久而久之，人们也不会真心地尊重你，更别说和你友好相处，因为在他们看来，你没有基本的修养。

有句话叫“狗眼看人低”，人们也常常用这句话比喻那些故作清高的人、仗势欺人的人、势利眼的人。不过很少有人知道，这个俗语其实是有一定科学道理的：狗的视界十分狭窄，当它看站在它眼前的人，看到的不是实际的高度，而是比实际小很多，这种视界，不但给狗带来了骂名，还会给它带来实际上的危害，如果它看低老虎，岂不是要遭殃？

架子端得越高，视线范围就越窄。也许你会反对：“等等！高了怎么会窄？没听说过‘一览众山小’吗？”可是，那是要你切切实实地踩在最高的山坡上，可不是踩在高跷上，只能待在那么一丁点地方，东瞧西望还挺得意。所以，赶快把你的架子收起来，别人没你想的那么差，你也没自己认为的那么好。

何况，只要你愿意静心接触身边的人，你就会发现不论多么“俗”的人，都有值得欣赏的一面：市场上斤斤计较的小商贩很俗吧？但他们的勤劳令人刮目。小区里谈家长里短的大妈很俗吧？但她们在家里既是贤妻也是慈母。公司里总在为升职烦恼的小职员很俗吧？但他们用心经营自己的生活，有强烈的责任感……架子是什么？架子就是你把别人的优点踩在脚下。宽容是什么？宽容就是你把别人的优点和自己的视线平行。懂得欣赏别人，你会发现世俗自有它的美，越看越顺眼。

## *03* 寻幽觅静，便得心安

心胸豁达，生活中处处皆有“清静”之地。

有这样一个催眠术，我们一个人就能做。没人的时候静静地躺在家里的床上，幻想你刚刚由睡梦中醒来，看到房间里有一个楼梯。你沿着楼梯下去，在楼梯转角发现一面大镜子，这时，你在镜子里看到什么？

如果你看到的不是自己，恭喜，你已经催眠了自己，镜子里出现的就是你的内心世界。

如今，“修身”已经成了一个时尚的话题，各种养生会馆如雨后春笋般在大城市出现，瑜伽等运动在白领人士中流行。人们也喜欢去听一些名人的讲座，他们听的不是创业心经，而是如何在都市生活中保持自己内心的平静。

孙小姐就喜欢每周去郊外的一座寺庙，听一位禅师讲讲人生。她说自己并不想皈依佛门，也不想做俗家弟子，就是喜欢和禅师谈话。禅师讲的不是什么大道理，有时候就是讲讲花草，讲讲茶道，她喜欢的是寺庙的那种氛围，喜欢禅师身上的静气，那是在大都会生活的她所缺少的，每次从寺庙回来，她都觉得自己的心静得像一潭水，平日梳理不明白的难题此刻纤毫毕现。她也从中获得了生气与力量……

人们追求的都是欠缺的东西，都市人最欠缺的，就是心灵中那一方清静。就像在镜子中看到的内心世界，有多少人看到平静的草原，幽远的森林，无波的湖泊，宽广的大海，温馨安静的家……不管以心理学的解释，这些东西象征着什么，它们都说明人们的心里，始终期望着一份宁静、一份安详。

再回头看看我们每天的生活：每天早上我们被闹钟唤醒，急急忙忙穿衣吃饭，奔向公车地铁；到了公司刷完卡，就要头不扬眼不抬地工作；中午吃一顿便餐，下午继续拼搏；晚上要在超市和网络上消磨很多时间，然后匆匆上了床，还要担心本月的生计、明天的工作。

我们烦恼，我们叹气，我们悲伤，我们彷徨，我们在世俗之中辗转反侧。因为累，所以只想做无聊的事；因为累，所以可以把计划的学习、阅读、欣赏无限期地拖延。我们始终不能有一份安心的感觉，让我们觉得生活尽在掌握之中。我们被生活拖着走，或者被生活远远落在后面，我们没有半刻平静。

从前，在华山上有一座雄伟的寺庙，庙里有很多小和尚，因为年龄小，他们很难保持安静。好在寺里的住持是慈祥的，对这些小和尚的管教并不严厉，他希望他们能够自己悟出道理，而不是通过自己强制的传授。这些小和尚们呢，他们每天在不坐禅的时候都在寺院中叽叽喳喳，打扫的时候也会玩闹起来。

有一个入寺比较早的和尚，年龄稍大，此时的他，已经习惯于坐禅的生活。他曾经厌恶喧嚣，才选得此地出家，也正是这样才能够让他远离喧嚣，过上平静如水的生活。但是这些小和尚打乱了他的内心，他在坐禅的时候总能听到那些小和尚的喧哗和笑闹。虽然他很想教训他们，但是住持曾经告诉他要慈悲为怀，宽容待人，与世无争。没有办法，为了留得一方清静，他只能选择到寺庙外的树林中坐禅。

有一天，住持在小和尚坐禅的时候来到了树林，问他为什么在这里坐禅，小和尚便一五一十地说了。小和尚说："因为这里难得清静，寺院中的小和尚实在是太过吵闹了，为了修禅，我只能找得一方清静。"

住持笑了笑，问他："这里的蝉鸣没有吵到你吗？"

小和尚答："不去注意就不会影响到我。"

住持微微一笑，反问他："那么你觉得小和尚的吵闹和蝉鸣有什么区别呢？"听完住持的话，小和尚恍然大悟。从那之后，他再也没有到树林中坐禅。

俗世为什么让人不得清静？因为你太在意生活的琐碎、旁人的喧闹，这时候你也应该宽宽心，赶快别去想那些"凡尘俗世"，为自己寻觅一个清静的空间。在这个空间里，你应该有私密的心情，你可以安睡，可以打盹，可以自言自语，可以写诗作画，可以哼歌喝茶，这种心情应该是惬意的，带点调皮与情趣的，最重要的是，这些事应该使你的心情平静，让你感受到平静，你的眼前，自然是海阔天空。

牢记这种平静的感觉，试着将它带入生活之中，你会发现每件事固然有它的麻烦，但也有它的可喜之处：家务是繁重的，但焕然一新的家是让人喜悦的；烹饪是烦琐的，但各种食材的搭配依然赏心悦目；家人难免让自己不快，但他们的笑容依然温暖自己的心……是的，只要你平心静气，世俗之间处处都有乐趣与发现。

保持这种平静的感觉，试着将它带入工作之中。难题不能解答，可以请教他人；工作杂乱无章，可以借助计划；时间太过紧迫，不妨理清轻重；只有你沉下心，事情才能更加清晰地摆在你的眼前，让你能够把握，渐渐地，你会觉得一切都得心应手。

心中无事萦绕，清静自然相伴。你还在为世俗烦恼？不要把它看作一锅沸水，把它看作一个湖泊，即使有波纹，也是一种天然的韵致。如果你能以这样开明宽广的心态看待世俗，你的心便可以定居在任何地方，生活中，处处都有你的“清静之地”！

## *04* 可与世俗保持距离，但不要避世

有世俗就有纷扰，要学会在世俗纷扰中修养身性。

心理负担太重的人，觉得生活是一副担子，遇到的每一件事都在为这担子增加重量。当他们的两个肩膀快要被压垮的时候，哪里还能找什么内心平静，哪里还会想什么悠然南山，只觉得自己每天都有气，每一秒都疲倦，他们比任何人都想摆脱世俗，却也比任何人把世俗想得复杂。

从前有一个年轻人，平日靠划小船给另一个村子的居民运送自家的农产品维生。有一天，天气酷热难当，年轻人去邻村送货，被太阳晒得汗流浃背，他心急火燎地划着小船，希望赶紧完成运送任务，以便在天黑之前能返回家中。

正在这个时候，年轻人发现前面有一只小船，顺着河驶了下来，迎面向自己快速冲来。眼看两只船就要撞上了，但那只船并没有丝毫避让的意思，

似乎是有意要撞翻年轻人的小船。

“让开，快点让开！你这个白痴！”年轻人大声地向对面的船吼叫道，“再不让开你就要撞上我了！”但他的吼叫完全没用，当他手忙脚乱地试图让开水道，为时已晚，那只船还是重重地撞上了他的船。

年轻人被激怒了，他厉声斥责道：“你会不会驾船？这么宽的河面，你竟然撞到了我的船上！”当他怒目审视对方的小船时，他吃惊地发现，小船上空无一人。听他大呼小叫、厉声斥骂的只是一只挣脱了绳索、顺河漂流的空船。

有的时候，我们会给自己树立“假想敌”，把一点小事想象成庞然大物，累积自己的怒气和火气。当我们几千斤的拳头落在轻飘飘的棉花上，那种失衡更让我们一大趔趄，损失更多。为什么我们会有这么多“假想敌”？为什么我们对着空船叫唤时，根本不想它可能是一条空船？那是因为我们太较真，把事情想得太复杂，根本不愿意相信简单和轻松。

较真的人处处可见，因为看不惯，所以要辩个明白；因为争不到，所以要想个彻底；因为想不通，所以干脆否定；因为做不好，所以干脆自暴自弃……生活中有形形色色的较真，人们和现实较劲，和他人较量，和自己较真，没完没了，他们根本不相信世界上有清静这回事，他们看到的，不过是纷纷扰扰，永无宁日。

仔细想想，你又在计较什么？不论你计较什么，都不会给你的生活带来一丝一毫的助益，只会让你的心灵更被苦闷占据，甚至给你带来更多的麻烦。你就是你，你有自己的生活，如果不能放宽心看透这一点，你就会陷入无限止的较真中，与他人冲突，与自己对立，每一天都让自己不舒服，何来清静？

当代大学者钱锺书，最让人称道的有两点，一是博览群书，下笔如有神；二是终生淡泊名利，甘于寂寞。钱锺书谢绝所有新闻媒体的采访，中央电视台《东方之子》栏目的记者，曾千方百计想冲破钱锺书的防线，最后还是不无遗憾地对全国观众宣告：钱锺书先生坚决不接受采访，我们只能尊重他的意见。

上世纪80年代，美国著名的普林斯顿大学，特邀钱锺书去讲学，每周只需钱锺书讲40分钟的课，一共只讲12次，酬金16万美元。食宿全包，可带夫人同往。待遇如此丰厚，可是钱锺书却拒绝了。他认为没有必要为了钱打扰自己的阅读时间。

他的著名小说《围城》发表以后，不仅在国内引起轰动，而且在国外反响也很大。新闻和文学界有很多人想见见他，一睹他的风采，都遭他的婉拒。有一位英国女士打电话，说她读了《围城》非常想见他。钱锺书再三婉拒，她仍然执意要见。钱锺书幽默地对她说："如果你吃了个鸡蛋觉得不错，何必一定要认识那只下蛋的母鸡呢?"

1990年11月，钱锺书80大寿前夕，家中电话不断，亲朋好友、学者名人、机关团体纷纷要给他祝寿，中国社会科学院要为他开祝寿会、学术讨论会，钱锺书一概坚辞。

想要生活得平静，就要维持一个平静的空间，拒绝可能会带来麻烦的事。尽到本分，其余随缘，就是一种可爱的生活态度，尽管有时候这种拒绝稍显无情，但是，就像故事中的钱老先生，他不愿展示自己，却给我们留下了丰富的文学遗产和学术遗产，他把别人计较名利的工夫，全都用在潜心读书、潜心钻研上，自然比别人有更平静的心态、更大的成就。

有智慧的人应该适当远离世俗，这个"远离"并非避世，而是在某些时候，要与那些纷纷攘攘保持距离，不要陷进去。因为有的时候，即使你不想计较，别人也会拽住你计较，你总要给一两句解释吧，这一两句又会被人揪住。所以，干脆连最初的一两句都不要说，做自己的事，让别人去猜吧，你们纷扰你们的，我静我的。

适度的距离不是孤僻，每个人都应该拓宽自己的生命，交更多的朋友，尝试更多事，但不代表你要卷入是非，卷进名利旋涡，只要你把心态放平，自然既能体会人世之乐，也能领略物外之趣。北宋的范仲淹曾经写过这样一种境界，千百年后仍让人们向往不已，在此共勉，这就是：不以物喜，不以己悲。

## *05* 从从容容一杯酒，平平淡淡一杯茶

千般云烟皆过眼，万念看穿是平常。

超凡脱俗，是个让人向往的词语，需要多少历练，多少修为，才能达到洗尽一身烟火气，道骨仙风，气韵高华，让人见之忘俗？其实，对那些胸怀豁达的人，这并不是一件难事，只需收敛一下俗世中的心绪，追求一些更加高远的情操与境界。

民国时，弘一法师出家一事曾闹得沸沸扬扬。弘一法师俗名李叔同，清朝末期生于富贵之家，是一位才华横溢的艺术家，也是名扬四海的风流才子，他集诗词、书画、篆刻、音乐、戏剧、文学等造诣于一身，在多个领域中继承了中华民族的灿烂文化，用他的弟子、著名漫画家丰子恺的话说：“文艺的园地，差不多被他走遍了……”

但正当盛名如日中天，正享荣华之时，李叔同却抛却了一切世俗享受，到虎跑寺削发为僧了，自取法号弘一。人们以为大才子只是一时想不开，没想到他是真的看破红尘，从此只在佛门清修。

弘一法师出家24年，他的被子、衣物等，一直是出家前置办的，补了又补，一把洋伞则用了30多年。他的居房内异常简朴，除了一桌、一橱、一床，别无他物；他持斋甚严，每日早午二餐，过午不食，饭菜极其简单。弘一法师还视钱财如粪土，对于钱财随到随舍，不积私财。除了几位故旧弟子外，他极少接受其他信徒的供养。据说曾经有一次，有人赠给他一副美国生产的白金水晶眼镜。他马上将其拍卖，卖得500元，把钱送给泉州开元寺购买斋粮。

弘一法师以教印心，以律严身，内外清净，写出了《四分律比丘戒相表记》、《南山律在家备览略篇》等重要著作……他在宗教界声誉日隆，一步一个脚印地步入了高僧之林，成为誉满天下的大师，中国南山律宗第十一代祖师。正因为此，对于李叔同的出家，丰子恺在《我的老师李叔同》一文中所说“李先生的放弃教育与艺术而修佛法，好比出于幽谷，迁于乔木，不是可惜的，正是可庆的”。

李叔同的出家，曾让当时很多人不理解，他自己也不肯明说，有人称赞，有人谩骂，有人惋惜。但在他看来，那些不过是过眼云烟，他的心灵从此远离世俗的闲言闲语，它们再也不能侵袭他，他的心得到了真正的清静。

遁入空门不是静心的唯一方法，都市人只要学会修身养性，依然能在烦扰之中体会到心内的灵台境界。修身养性，在于提高自己的涵养，修炼自己的品德，宽心，正是修身养性的法门，让你能够从世态炎凉中体会出人生的真味，学着不在乎、不计较。或者说，在乎的是自己的涵养，计较的是个人的品性，此外，一切都是小事，可以忽略不计。

每个人在内心里，未尝不希望自己有几分高远的情操，但在实际操作上，他们发现不发怒、不计较、不抱怨实在太难太累，他们觉得这种克制不够真实，没有几个人能做到，于是，他们继续在世俗打滚，甚至开始嘲笑那些真正有胸襟、有修养的人，认为他们惺惺作态。这既失去了对他人的尊重，也失去了对自己的要求，这样的人，注定不能享受心灵的平静。

名扬世界的居里夫人是法国籍波兰物理学家、化学家，也是为数不多的获得诺贝尔奖的女科学家。她一生崇尚科学，先后共获得10次各种各样的奖金，各种奖章16枚，各种名誉头衔共117个。但是，在这些至高的功名面前，她都能保持一种安心随意的态度。在法国和波兰，居里夫人“奖牌是玩具”的故事可谓家喻户晓：

有一天，一位朋友到居里夫人家中做客，看到居里夫人的小女儿正在玩英国皇家学会刚刚颁发给她的一枚金质奖章，朋友大惊道：“英国皇家学会的奖章怎么能给孩子玩呢？这可是至高的荣誉呀！”

居里夫人听罢，淡淡地笑了笑说道：“这有什么不可以，我是想让孩子们从小就知道，荣誉其实就像玩具一样，只能玩玩而已，绝不能永远守着它去生活，否则一辈子可能终将会一事无成。”

不仅如此，居里夫人还毅然辞掉了100多个荣誉称号，声称自己只要实验室。正是她始终能在荣誉面前保持一颗宁静淡然的心，一心倾注于科学研究的品质，才使她能够获得第二次诺贝尔奖，最终到达辉煌的科学巅峰。

千般云烟皆过眼，万念看穿是平常，世俗之人最大的心魔，就是看不穿。据说有人曾去拜访弘一法师，看到他正在吃一碟咸菜，想到大师在出家之前是锦衣玉食的世家子弟，客人不禁心酸。法师却淡淡一笑说：“咸有咸的味道。”吃完饭，弘一法师在碗里倒了一些白水喝，客人不禁问：“连茶都没有，不淡吗?”法师说：“淡有淡的味道。”睿智的法师，道出的其实是生活的真谛：任何清淡滋味，都值得品尝，而那些过于刺激的食物，却不适宜日日吃喝。

我们应该追求什么？追求名声之外的名声，生活之上的生活。在有所追求的时候，所有事都是负累，应该适量割舍。所谓心灵的平静，不是说和名声、金钱、成就毫无关系，其实，有了这些的人，更加渴望心灵的充实。而且，这些东西也恰恰证明了你的平静，是真正的平静，而不是一种无可奈何的作态。

在喧闹的俗世中，真正有胸襟、有抱负的人，都在过一种从容平淡的生活，于是，真正的富翁并不夜夜豪华饭店，而是在家里吃家人烹饪的家常菜；真正的艺术家并不留恋舞台上的掌声，即使在人不多的小广场，他们也一样能够表演；真正的学者不去做那些做不完的报告，他们想要拿更多的实验数据；真正懂得生活的人，也不会为生活所累，他们会在寻常生活中，在一杯酒甚至一杯茶中，感受到悠然境界。

平淡是真，当我们还原世俗的本质，也许生存真的只需要“一箪食，一瓢饮”，而宽心的人，自然能“不改其乐”，这是古代圣人向往的境界，我们也不妨试着理解，试着靠近，如此一来，沉重的生活将变得越来越诗意，每个人，都可以拥有属于自己的悠然境界。

## 06 生命中的随遇而安，是一种释然

学会随遇而安，生活更洒脱，也就远离了世俗纷争。

美，时刻都存在着，就在我们的生活中，不论是自然的美、植物的美、建筑的美，还是人的美、人性的美，那些让我们感觉亲切的事物，总以最自然的方式存在着，让我们愉悦。而我们，也应该尽量接近这种自然，唯有如此，不论走到什么地方，我们都会觉得自由美满。

有一个画家，他很想创作出一鸣惊人的作品，为此，他整天去卢浮宫钻研那些名家作品，试图学习到他们的绘画秘诀，让自己有长足发展。他一直努力画画，可是，他的作品很死板，没有什么灵气，只能在画廊里代售，被一些小旅馆买回去装饰墙壁。

为了排解心中的郁闷，他出去旅游。在一个乡村，他在酒吧里喝得烂醉，晕陶陶地回到旅馆，走上台阶的时候，隐隐约约地看到墙上挂了一幅画，不论色彩还是构图，都很别致。他带着“明天一定要好好看看那张画”的心情，睡了过去。

第二天起床后，他惊奇地发现那张画竟然是自己画的，还是他大学时候的作品。他和旅馆老板谈到这张画，旅馆老板说：“这张画是我在巴黎的一家画廊买的，据说是个大学生的作品，这张画笔法虽然不成熟，但我喜欢它，它让人心静，忘记浮躁。”

画家想起了他上大学的时候，那时候，他没有功利心，不会为了成名而画一张画，所以他才能把所有的心思用在画画上，创造出美好的作品。去卢浮宫看别人的作品，也是单纯地欣赏，并不是为了学习，所以心情总是轻松的。也许，就是因为失去了这种心境，他才画不出打动人心的作品。

他告别了老板，却没有着急回巴黎，而是带着自己的画笔，开始了漫长而简陋的旅游。他在乡村看风景，为往来的人画像赚生活费，就这样过了好几年。等他终于回到巴黎的家，潜心作画，他的作品吸引了无数人的注意。当画商带着支票前来邀他作画，却被告知，画家又去旅行了，不知道什么时候会回来。

同样的人，同样的画笔，心态不同，画出的画却截然不同。在艺术上，有一种东西是任何技法都不能取代的，这就是画的气韵。而气韵，直接反映了绘画者的心灵，他是随性而为，还是蝇营狗苟？明眼人一眼就能看出，哪些画作有自然之趣，哪些画作是技巧的堆积。

想一想，什么时候我们最平静？当上眼皮和下眼皮打架，马上就要睡觉的时候；看到花朵落下，惋惜无奈的时候；看到尘埃落定，更改不了结果，只能接受的时候……这些时候都有一个特点，那就是我们改变不了什么，也深知这一点，我们选择了什么？顺其自然。没错，自然而然，就是使我们的心灵获得平静的最好办法。

就像一个画家画画，四处寻找灵感，好过闭门造车；在现成的风景上发挥想象，好过生捏硬造。世俗生活本来就是一块原始的画布，你的心灵应该是一支妙笔，在画布上随性地生花，而不是连素材都不要，非要创造个不存在的事物，那样的东西，也许也有一定的美感，但它并不自然，看得久了，并不让人舒坦，因为太过刻意。

一只青蛙住在一口水井中，它平时最喜欢做的事，就是跳进水中，水托着它的双腮。钻进水里，泥巴便按摩它的脚。晚上跳上来，安静地坐在井边观看月亮。早上便到井外，幽静地在草地上四处散步 。它还很喜欢到井里观看小蝌蚪、小螃蟹在水中嬉戏，并跟它们聊天。

可是，不知从什么时候开始，动物们都叫它井底之蛙，说它眼睛里只有井口大的天，是个浅薄的家伙。所以，青蛙越来越不快乐。

有一天，它遇到了一只活了一千年的乌龟。乌龟说它刚刚从更遥远的东海回来，它告诉青蛙东海有多大，鱼儿是如何快乐地畅游。青蛙决定离开它的一口井，前往东海。它经过平原，越过深沟，攀过高山，经过沼泽，有刺的荆棘刺伤它的身体，锋利的石块刮伤它的手掌，炽热的阳光灼伤它的皮肤，饥饿时要吃草根充饥，日晒、雨淋，春夏秋冬，终于到了东海。

它雀跃地跳进大海中，海水的盐分弄伤了它。鱼儿告诉青蛙，你不能生活在大海里，应该去湖泊。青蛙带着沮丧的心情继续旅行。攀过石头，越过沙漠，炎热的空气让它干枯，干燥的空气让它窒息，它继续吃草根为生。

经过一条条河流，终于到了西湖。它雀跃地跳进湖中，不断地前游，前游，直到疲惫，它想找个地方歇息，但湖中没有一根芦苇，四周看不到边。它疲惫且沮丧，又遇到乌龟。青蛙惊讶地问乌龟为什么不在东海。乌龟说东海虽大，却不适合它，西湖虽小，却乐在其中。

青蛙仿佛明白了，游回岸上，继续前行。经过一段日子，青蛙终于回到它的井边，它雀跃地跳进去，满足地坐在井边观望蔚蓝的天空，再也不理会其他动物的讥讽。

在生活中，什么是顺其自然？首先要明白，适合你的地方，才是最好的地方，就像青蛙适合在井底居住，它有它的快乐，它适合的环境，它擅长的事物，因为随性，所以它想吹牛就吹牛，想睡觉就睡觉，这不也是一种让人羡慕的境界吗？

古时候，有人请庄子去当大官，庄子说与其当官，他更愿意做一只在烂泥里打滚的龟。这就是一种放达的生活方式。生活中最大的快乐莫过于心灵的满足，为了这个目的，我们必须学会选择，学会放弃，即使对面就是诱惑，我们也要守住自己的本心，选择最适合自己的生存方式，这才能将自己的才能和潜力充分发挥。

当然，每个人的追求不同，庄子的选择，于他自己自然是最好的，但那些为国为民的公仆，血战沙场的将军，吟诗作画的文人，难道比他差？他们的人生也有别样的亮点。人们欣赏的，并不是他们的选择，而是他们的心态：他们对自己想要的生活有明确的认识，即使遇到困难，也能够不更改自己的初衷，随遇而安，随性而活，这就是真正的悠然自得。

# 第七章
# 走不完的前程，缓一缓，漫步人生

生命如一条长路，我们急于赶路，不是走得太快就是走得太累，忘记感受生活、享受生活才是生活真正的意义，甚至忘记了自己的方向。为什么不学着悠然地散步？人生喜悦有时，悲伤有时，风景时时不同，缓一缓，你才能够真正领略生命的丰富与精彩。

## *01* 做回洒脱的自我，一切顺其自然

万物静观皆自得。

每一天，忙碌的人都试图调整自己，为的是每一天都比昨天更进步，得到更多的东西，为明天做准备，但是，他们预想中的“明天”总不能顺利到来，他们想要走的道路也不会刚好铺在脚下。苛责命运只会让自己心存怨怼，不如看看由高到低的流水，不勉强、不争夺，即使道路曲折，最后一样归于大海。

一位叫格罗培斯的著名设计师正在为新的设计案烦恼，有一个大型游乐园要建立，如何才能保证道路的畅通无阻，这是一个问题。显然，他不能按照一般的城市规划那样弄出很多条道路，因为那是一个游乐园，一定会有蹦蹦跳跳的小朋友进到草坪里，而且，游乐园的道路太过古板，也不符合它的宗旨。

格罗培斯完全没主意，他决定开车出门散散心，找找灵感。他路过一片葡萄园，发现很多车停在那里。他好奇地下了车，发现人们都拿着个篮子摘葡萄，每隔一段就有一个投币箱，摘葡萄的过客可以投下钱币，支付他们篮子里的葡萄。据说，这个大葡萄园的主人是个老太太，实在无法管理绵延几百里的葡萄园，就想到了这么一个不用人看守又能卖掉葡萄的办法。每一年丰收的时候，她的葡萄总是第一个卖光。

设计师大受启发，他让建筑工人在土地上撒上草籽，在半年的时间里，草坪被人们踩了一条又一条的小径，优雅自然，他又让工人按照这些路铺为人行道。他的设计得到了全世界的赞誉，也为那座游乐园——迪斯尼乐园，增加了一道无与伦比的风景。

有的时候费尽心机做一件事，未必有好的结果，反倒因为心思过重起到了反效果。而有些人看通了事物的关键，一击即中，用最少的力气达到最佳的结果，这样的人难道是天纵英才？不，他们只是懂得顺其自然，按照事物本来的规律做事。

万事万物，自然就是最美。一朵花只在适宜生存的土壤中才能鲜艳，硬要把它做成盆栽，放到不适合的气候带，不但要花费几倍的力气照料它，它还未必开出你理想的花朵。而那些本该在这片土地上生长的，也会因为“外来者”而失去很多养分，变得缺乏味道。所以，万事万物遵循本来面目，才能让人赏心悦目，否则就会一塌糊涂。

人生何尝不是这个道理，不违背本心，才是美，否则总会让自己不甘和失落。尽管人生的不如意很多，我们不能事事由着自己的意思，但在生活的很多方面，我们可以尽量做到随性自然，而不是给自己定下许许多多的规矩，强迫自己遵守。如果每做一件事先想到一大堆的限制，谁还能有心情做下去？谁不觉得疲惫不堪？

一天，小姑娘爱娃帮助一位拉车的老人推车，老人很感激她的好心，送了一包花种给她。爱娃很高兴，她一直想在院子里种上漂亮的花，现在终于有机会实现这个心愿。在往家走的过程中，她已经在盘算：先把院子里的杂草铲掉，然后松土，然后播种……

爱娃太过专注地计划这件事，刚进院子，她就摔了一跤，包花种的纸很薄，一下子散开了，所有种子全都撒在院子中的杂草里，根本找不到了。爱娃急得哭了起来。妈妈闻声而来，问明原委后，对爱娃说：“不要担心，你只要松松土，适当浇浇水，依然会有花开出来。”

爱娃半信半疑，仍然按照妈妈的话去做。没想到过了几个月，院子里果然长出了五颜六色的花朵，和原来那些杂乱无章的绿草一起，成了院子里的一道风景。爱娃大喜，妈妈对她说：“如果你当初把草全铲了，未必能有这么漂亮的院子，可见凡事顺其自然，才能美丽。”

有心栽花花不发，无心插柳柳成荫，说的就是爱娃的经历。有时候世事就是这样，你费尽心思的时候，就是得不到成功；等你失望地想要走开，机会却悄然来临。所以，聪明的人应该懂得“助力”，而不是包办。事物本身有自己的特性，拔苗助长的行为不可取，太过着急，得不到最好的结果。

心宽的人最大的特点，就是懂得如何顺其自然，他们从不强求什么，一切都按照计划进行，不着急也不疏忽，事情出了纰漏，他们不会大惊失色，把挫折看作平常事，不慌不忙地补救；事情进展得顺利，他们也不会得意扬扬，而是进行增补，以防止突来的意外。他们任何时候都从从容容，不躁进也不会落后。

顺其自然是一种生存的智慧，因为天有不测风云，人有旦夕祸福，很多事并不在你的掌握之中，即使你的算盘打得再好，心思用得再多，也总会有出其不意的事扰乱你的所有布局。所以，一切要把自己的遭遇看开一点，你不能决定外界环境如何，只能决定自己的心态。顺其自然的下一步，其实就是随机应变，只要你愿意接受现状，不为一时的境遇自苦，就总能发挥自己的智慧，突破一次次的困境，让你的人生更加顺风顺水。

## *02* 换个方向去追求，人生才能枝繁叶茂

人生最大的幸福是能够成长。

美国一位诗人曾写过这样的诗句：安睡前，还有漫长的路要走。这句充满哲理的诗句既预示着每一天的生活，又揭示了在死亡来临之前，每个人都要为生活奋斗。有的时候我们停住急促的脚步，不禁也会问问自己：我们还要走多远，我们需要走多快，才能真的到达我们的目标？我们想要的究竟是什么？到底有什么意义？

公园里，一个孩子正在画板上画一棵参天老树，他对陪自己画画的爸爸说："爸爸，为什么这棵树这样茂盛？我看学校里的树都是光秃秃的，没这么漂亮，也没有树荫让我们纳凉，它们不是同一种树吗？"

爸爸说："它们也许恰好是同一种树。只是现在的树，人们为了美观，总会不停地修剪它们的树枝，让枝叶尽量朝一个方向长。这样长大的树，可以直接砍下来送进木材市场，但是不会这么茂密，当然也不能让你观赏和纳凉。"

做一株"成材"的树和一株茂盛的树，哪个更好？前者无疑是快速而高效的，很快就能长得又均匀又笔直，成为房梁或漂亮的家具；后者有时候看上去有点歪斜，需要很长很长时间才能变得粗大茂盛，但它的茂盛，却是人人向往的风景。难道这不是一种"成材"？

我们的生活总是朝着一个方向，这并没有错，但是，我们不能一味地在一条路上加速，根本不看看路边有什么，根本想不到去路边的田野采几朵花，去路边的山里拍几张照。长此以往，我们就像一棵剪掉太多枝叶的树，只剩光秃秃的主干，难怪别人看着我们，觉得不完整；我们看着自己，总觉得少了点什么。

只在一个方向追求，成就固然大得多，但其他方面就要相对减少，均匀而平衡的生活，才是一种积极的生活。赶路固然是重要的，但也不要忽略生命中其他重要的事，不然，你只是在生长，不是在生活。

经过20年的学习，乔终于得到了博士学位，这时他已经是个大龄青年，走出象牙塔，觉得满心茫然。

乔从小就是个好学生，他每天想做的事只有学习，即使寒假暑假，他也会拿着厚厚的卷子，掐着时间做题，对答案。小时候，见了他的人都会夸奖："这孩子好，这么爱学习！"等到他上了大学，他的习惯仍然没改，渐渐地，父母不禁担心："这孩子怎么只知道学习？"亲朋好友都劝他赶快多交些朋友，谈一谈恋爱，但他却一心想要考上研究生再考博士。学习已经成了他的习惯，除了学习，他根本不知道其他事的乐趣。

现在他找到了工作，却发现自己在很多方面存在问题，他很木讷，根本不知道如何流畅地和他人交流，对人际交往更是一窍不通。他也想尽快恋爱成家，却发现自己根本不懂追求女性，即使有人带他去相亲，他也只是呆呆地坐在那里，不知道说什么。他甚至想，干脆读个博士后，以后就搞研究，不要家庭也不要社会关系，或许也能做出点成绩……

只知道学习、只知道工作，这种一心一意能够带来的真的是别人比不了的成就吗？也许只是给自己带来无法弥补的遗憾。在该恋爱的时候，你没有恋爱；在该娱乐的时候，你没有娱乐……你的生命并不完整，总有一天，你会为此深深后悔。

我们应该试着让自己更加繁茂，追求更多的东西，不要认为自己的能力不够、时间不够，因为这些东西本来就是生命所固有的，它们可以彼此达成一种平衡、一种互补、一种支撑，而不是互相牵制，互相局限。

想做到这一点，首先要让自己的脚步缓一缓，让自己学着心平气和。在一个方向久了，你会觉得单调乏味，这时候，你需要调剂，需要看看其他方向上有什么，需要发展你的个人爱好，拓展你的业余生活。做这些事的时候，你不需要急迫，只需要细水长流，慢慢地领会其中的滋味。让你的生命像一棵生长在原野里的树，不但要有粗壮的主干，也有各具姿态的枝条，在土壤里扎根，在阳光下生长，不必在意时光的流逝，时间很短也很长，足以让你繁盛。

## *03* 花开花落，自得其乐

藏于深谷的野花，无人探访，仍旧开。

在人群中，我们常常觉得自己渺小、寂寞、提不起精神，想要“静一静”。这个“静”，就是远离人群，体会一下什么是孤独，与自己对话一番，察觉灵魂的需要。鱼儿无法在陆地上生活，心灵也无法在束缚中自由。有时候，孤独是对心灵最好的呵护。

一个诗人走进山寺，山寺里的花刚刚开过，一地花瓣，无人打扫也无人欣赏，诗人不禁惋惜这凋落的春光。正在叹气，一个老禅师从禅房走了出来，合十行礼，问诗人：“施主为何在此叹气？”

诗人说：“我看这落花，自开自落，无人欣赏，一时之间想到了自己，借景伤怀而已。”

禅师笑道：“施主是否认为俗世扰扰，自己的才能无人赏识？”诗人点头称是。禅师说：“但这院子里的花，却已经鲜妍了一个春天，此时不过觉得劳累，落下歇息，留待明年继续怒放。它们自得其乐，恐怕不懂施主的伤感。”

诗人聪明，大笑道：“好一个‘自得其乐’！比起花来，我倒是显得小气了！”当下走出山寺，游山看水，好不惬意。

孤独也可以是一种境界，连自开自落的花朵都有它的快乐，何况我们？

体会自我、观照自我是每个人的需要。每个人都希望有这样一个地方：空间和时间全都属于自己，爱想什么就想什么，爱做什么就做什么，不会有人打扰，不会有人监督，享受绝对的自由，让心灵飘浮在空中，让思维极度活跃。独处的时候，你很容易得到这种体验。

孤独与性格无关，并不是内向的人才喜欢孤独，每个人都需要一定的独处空间，而不是用热闹把自己的每一分每一秒都填满。因为再热闹的场合也会散场，剩下你一个人该怎么办？学会孤独，就是在调节自己的心态，既能够迎接觥筹交错，又能体会落花人独立，两种风景，两种滋味，每一种都不差。

小桃是个害怕寂寞的女孩，她平时总是在“缠人”，不是缠着父母打电话，就是缠着男朋友陪她逛街陪她玩，要不然就是缠着闺密婷谈天说地。

有一次，男朋友对她说：“你这么大了，应该找一点私人空间。”小桃说：“什么私人空间，你不知道吗？孤独会让女人枯萎！”男朋友笑着说：“你看你的朋友婷，她枯萎了吗？”

小桃承认，婷那个人优雅清高，品位不俗，是个有才华和思想的女人。她自己虽然做着普通的银行职员工作，但她把自己的家收拾得很有品位。婷从不像自己一样为一个人的时间发愁，她总有各种各样的事。无聊的假日、空旷的寓所，没有人打扰、没有人陪伴、没有人分享，但是婷却使得整个氛围发生了质的改变，悠扬的音乐、精致的菜肴、醇美的红酒，一个装扮美丽的女人坐在桌旁，自斟自饮，享用所有的美味，她看起来快乐而满足。

小桃把这件事告诉婷，婷笑了笑说：“谁说孤独让人枯萎？我看，只要不自闭，适当的孤独能让一个人更有内涵、更有魅力。”

如果你是个习惯忙碌和热闹的人，刚开始试着独处的时候，你会没来由地心烦意乱，觉得有很多事还等着你去做，有很多话想要和别人说，这个时候一定要用意念把自己按在原地，不要去理那些人、那些事，把那些日常琐事都从脑子里赶走。坚持一段时间，你就会发现独处时的好处：整个人处于完全的放松状态，没有压迫感，彻底地放松。

要找一个适当的空间，可以是自己扫干净的房间，可以是公园的某个角落，可以是一个有悠闲音乐的咖啡厅……尽量远离那些日常的场合，保持自己内心的清静，你会觉得你的整个灵魂焕然一新，从杂乱无章的思绪中解脱，重温生命的本真的快乐。

孤独的美是什么？是一种心灵的放松与清静。你像是走到了山巅，俗世已经远离你，风景全都在你的面前，你可以尽情地看，尽情地想，把一切杂念都暂时切断，心上一片宁静，无论什么声音都能听得一清二楚，像小孩子一样对万事万物投以好奇的眼神；也可以思考那些与生活无关的问题，想一段音乐、一场电影，年少时的一次恋爱……孤独，让你平静的同时，也能让你充盈而丰富，让你感叹，生活，原来蕴藏着这么多的美，值得细细品味……

## *04* 烟花再绚烂，终究是一瞬间

守住心境，让一切归于宁静。

人们害怕平凡，每个人都渴望生如夏花般绚烂，死如秋叶般静美。每个人都曾渴望过辉煌，我们急匆匆地赶路，辛勤地耕耘自己选择的土地，为的就是有朝一日能以自己的辉煌吸引他人的目光，能在这个世界上留下自己的

光彩。但是，你有没有想过辉煌的结果？

一个铁罐和一个陶罐正在皇宫的厨房里谈话，陶罐说：“你真可怜，你那么容易生锈，只能放些干燥的食物，只要一点水就能让你失去用处，失去你的本来面貌，变得锈迹斑斑。哪里像我，周身都有彩绘的图案，每天都被端来端去，放在宴会最中央。”

铁罐不以为然地说：“你虽然漂亮，但经不起任何磕碰，掉到地上就会砸个粉碎。就算不被砸碎，火一烧起来，你也会粉身碎骨，只有我才能历经很多时代，一直被使用。”

陶罐和铁罐争论了整整一天都没有结果，这场谈话不欢而散。没过多久，铁罐被人搬走，陶罐继续在宫廷服务。不到几年，国家被外国打败，陶罐被敌人砸碎，残片顺着河水漂走，最后落到了淤泥里。

陶罐想：“如果是铁罐，至少能保持自己的完整，还是铁罐好。”铁罐的遭遇也很坎坷，它被一个铁匠熔化，做成长枪，又在战场上被折断，锈迹斑斑，只剩一个枪头，它想：“还是陶罐好，至少它不用经过这么多折腾。”

时间转眼过了几百年，陶罐的碎片和铁枪头被考古学家发现，把它们放在同一个博物馆。第一眼看见对方，它们忍不住惊呼。这一次，它们没有再吵架，也没有说羡慕对方的话，它们突然明白，万事万物的结局都一样，早知如此，它们应该早日像今天一样，在一起静静诉说自己的遭遇和经历，享受着难得的宁静。

再绚烂的烟花落到平地，也不过一地烟灰，铁罐也好，陶罐也好，不论它们如何自视甚高，最后都发现自己和其他事物并没有什么不同。预想中的轰轰烈烈，达到的，尚未达到的，未必能化为心中美好的回忆，心灵的需求，有时候太简单，有时候太复杂。

所以我们才要学着放宽自己的心，就像清扫一个舞台，上面既能上演盛大的烟花表演，也能接受一盏孤零零的灯光，一次独角戏。还要接受无人关上的时候，放置在上面的平凡日子，一日一日像流水一样平淡却也流动。

接受平淡，并不是放弃梦想，而是所有梦想者在努力的时候都是平凡的，不必为此焦虑，也不必为此迷失。你只要按照既定的方向，或早或晚，总有一天能够抵达。只要你尽量丰富了这段旅程，即使不是第一个到达，但可以是最大的收获者。

伟大的所罗门王有一天晚上做了一个奇怪的梦。梦中一位智者告诉他一句至理名言。这句至理名言涵盖了人类的所有智慧，可以让人们在得意的时候不骄傲，在失意的时候不绝望，自始至终都保持着一种勤勤恳恳、奋发向上的状态。可是，遗憾的是，当所罗门王醒来的时候却怎么也想不起梦中的那句至理名言了。

于是，所罗门王找来了这个国家里最有智慧的几个人，向他们讲述了自己所做的那个梦，要求他们把那句至理名言想出来，并拿出一枚大钻戒，说："如果你们想出了那句至理名言，就把它刻在这个戒面上。我要把这枚戒指天天都戴在手上，以便时时刻刻地提醒自己。"

一个星期以后，几位智者非常兴奋地前来给所罗门王送还钻戒，只见戒面上刻了六个字："一切都会过去。"

人生一世，从表面上来看，似乎有很多事情都是和将来的幸福生活是"有关系"的，例如金钱、名誉、地位，等等。其实只有过来人才会了解，这一切不过都是过眼云烟。在人的一生中，只要那种平和的心态与时时快乐的感觉才是最为真实可靠的。那些看似让我们纠结难安的事情，其实都是一时的，等到过去以后，你就会发现它根本没有什么关系。

一切都会过去，苦难可以变为幸福，幸福也会变为平淡。心灵的感觉如果总是起伏的，所以才会有大悲大喜；如果它趋于平静，那么所有境遇都不能困扰我们的心，我们的脚步也将更为自在，不被任何事羁绊，走向我们要去的地方。

可以说，其实现代人最短缺的不是物质，而是一颗平常心。在我们的日常生活中，也总有人呼唤着平常心。因为有了一颗平常心，我们才能拥有精致优美的精神家园，才能体会到从容淡定之美。没有平常心的人不能品味生活，他们或者因为功利虚名争分夺秒，或者因为懒惰失望挥霍生命，这两种人都不完整，他们生活在生命的一隅，从未看到全貌。

看穿生命的过程，会让我们走得更沉稳。在生命的尽头，我们能够比较的不是自己有多少成就，而只能比较自己的生命是不是足够丰富，经历了所有的悲欢离合、喜怒哀乐，没有错过什么，也没有什么遗憾。这时候，我们才能安心地闭上双眼，承认这是漫长而幸福的一生。

## *05* 轻装上阵，人生会更美好

对自己负责，就是要宽心，要静心，要细心。

在人们的印象里，“三心二意”不是个褒义词，带有指责含义。但其实，现代生活中，三心二意并非一无是处，它有时能让人的思维发散一些，让生活多一些惊喜和情趣。只要做正事的时候能够一心一意，平日的生活中，不必那么严格地要求自己，让自己的目光飘得远一点，心思不切实际一些，都可以让生命更加轻松。

芳芳是大都市中的普通白领，她的工作是整理办公室的所有文件，将它们分门别类，抄写的抄写，录入的录入。这个工作听上去简单，做起来却十分繁重琐碎，特别是忙起来的时候，所有部门的文件都堆到她的办公桌上，她必须迅速分类，这需要技巧也需要经验。

芳芳每天的脑子里只有文件，甚至做梦都在整理文件，即使在休息日，她也在研究如何才能更好地整理文件；即使和闺密逛街，她也想找到更加方便的文件夹。她的好友受不了地抱怨："你不要这么死心眼，一心只想着你的工作，你已经做得很好了，为什么不想想化妆，想想美食，想想找男朋友!"

"可是，我觉得自己做得不是那么好。"芳芳郁闷地说，"我想等我找到一个轻松的方法后，再去做这些事。"

"在你找到这些方法之前，你就先累死了!"好友大声叫道。

当我们赶路的时候，能够催促我们的其实不是别人，而是自己内心深处的念头。那种固执的念头像鞭子一样抽打着我们，让我们快点、再快点。为什么一定要这样快？也许我们自己也说不清楚，只知道这已经成为一种习惯，不这么做，就会像犯了错误一样恐慌。这个时候，我们已经进入了某种"强迫状态"，再继续发展，甚至会成为强迫症患者。

既然烦恼因"强迫"而来，我们也可以用"强迫"的方式加以解决。既然问题是太过一心一意，我们就要学会"三心二意"，迫使自己的注意力暂时从专注的事情上移开，找找其他事。也许一时之间，你会觉得干什么事都无趣，这时也可以求助于朋友，让他们推荐一些好玩的、能够调动你热情的事。人即使处于木讷状态，经过一小段时期的活跃，也会重新变得精力旺盛，恢复从前的好奇心和热情。

把精力放在“没有用”的事情上，是否会玩物丧志？的确有这个危险。但是，你已经是一个成年人，应该有基本的自制力，而不是任由自己的性子想干什么就干什么。只要有定力，就算再三心二意，也不耽误你在正经事情上的认真，甚至还会让你心情更好，提高效率。

一场大病后，吕先生多了一个爱好。他买了一台单反相机和各种照相器材，一有时间，就带着这些东西在城市里到处转悠，拍回一些照片。有时候，他拍的是一辆破旧的、布满灰尘的自行车；有时候，他拍的是很有文艺气息的咖啡馆，木质招牌和窗户里氤氲的白烟；有时候，他拍人潮中一抹亮丽的背影……他的朋友们都说：“哟，最近这是怎么了，成艺术家了？”他笑而不语，抽空看一些摄影方面的书籍。

吕先生是因为太过劳累才进了医院，以前，他是个爱操心的人，公司不论有什么事，他都争取亲力亲为；家人不论有什么困难，他都要绞尽脑汁；孩子的所有功课，他都要一一过目，他认为这么做，是对他人负责，也是对自己负责。

直到他在医院躺了三个月起来后，他发现，没有他，公司的业绩依然蒸蒸日上；家人朋友的生活依然热热闹闹；孩子的名次依然名列前茅。他并没有觉得失落，而是发现了这样一个道理：每个人都有自己的生活，每个人都在为自己负责，他以前不是做得不够，而是干涉得太多。相应地，他对自己不够负责，导致自己没有享受到生活的乐趣，身体还出了问题。

出院后，“对自己负责”成了他的口头禅，他开始打量公司、家庭以外的世界，开始寻找让自己感兴趣的事，并开始尝试。他发现照相很有意思，选取一个角度，发觉事物的美，是他从前没有领略过的乐趣，给了他真正的安宁和欢乐。他觉得自己应该放开更多的东西，追求更多的乐趣，也许这才是生命的常态……

究竟做到什么程度，才算“对自己负责”？我们可以参考以下几个标准：对自己负责的人，不应该让自己吃不饱穿不暖；对自己负责的人，不应该让自己愁眉苦脸，每天无精打采；对自己负责的人，不应该靠吃药维持自己的健康，靠住院调节自己的身体；对自己负责的人，不应该让自己的生活只有一个内容，根本没有爱好和乐趣。

换言之，对自己负责的人，需要全面呵护生命，呵护心灵的各种需要，而不是整天钻进烦恼之中，明明赚的钱够用还在加班；明明生活很顺利还在抱怨；明明该锻炼却要偷懒……对自己负责，就是要宽心，要静心，要细心。

对世事要放宽心，不管你的烦恼有多少，你越是想，它们就会越重，还不如不想；不论你的事情有多少，你越是赶，它们越是乱成一团，还不如静下来做个计划；不论你的前方还有多少里路，不把今天的觉睡好，明天你只会走得更慢。这些道理，不止一个人对你说过，你真的认为它们大而无当，站着说话不腰疼吗？

在生活中，学会“三心二意”，绝对是省时省力的好事。不要回避麻烦，但也绝不没事就想它，没事就发愁，学着给自己找乐子，把一天的时间多分出一块给那些真正带来欢乐的事，这样做，你才能轻装上阵，走得更远更快。

## 06 卸下负重的包袱，让心灵轻松去旅行

有一份轻松的心态，才能领略路上的风景。

对未来的担忧，是我们生活中不可忽略的。以致我们的生活就像有了旅行团，人们的旅游多了方便，却也多了很多限制，人们总是在一个景点匆匆看上几眼，立刻奔赴下一个地点，恐怕在很短的时间里玩到的景点不够多。等到回到家，才发现自己走马观花，在对下一站的担忧中，错过了很多风景，后悔不已。

每次去旅游，朴先生都觉得无比麻烦，麻烦在于他有一个过于“有远见”的太太。每次去旅游之前，太太都要详细地制定路线，带上一堆的东西，包括应对各种疾病的药物就装了一个小包，帐篷、睡袋这些东西更不能少，登山包里放得满满的，还要拉两个巨大的旅行箱，朴先生觉得自己根本不像去旅游，而是去搬家。

最烦的是爬山的时候，这些东西没法随身携带，只能放在旅馆。可是有了旅馆这个羁绊，就不能从旅游地点直接去下一站，于是每次上路都拖拖拉拉，不但花费的力气多，还总觉得有事情放不下，影响看风景的心情。

朴先生也跟太太恳切地谈过话，可是太太说：“不怕一万，就怕万一，万一出什么事，我们怎么办？”于是，在对“万一”的担心中，朴先生每次旅游，都至少有一万个不满意。

究竟从什么时候开始，我们习惯了负重旅行？我们恨不得自己变成一只蜗牛，把整个家都放在肩膀上，这样才觉得安全和舒心。但由此而来的慢速度，由此而来的重负，也同样让我们无奈。有什么办法呢？我们总是害怕那也许根本不会发生的“万分之一”，而不愿意相信那切实存在的“万分之九千九百九十九”。

外国一位作家曾经做过一个调查，他惊讶地发现，95%以上人们担心会发生的事，其实根本不会发生。也就是说，人们常常生活在杞人忧天的状态中，如果天空也有意识，它恐怕也会无奈地看着这些发愁的人，却无法告诉他们，自己根本不打算塌下来。

当然，人生的旅程不能组团，只能自助行，所以我们不是生存在一种集体恐慌中，而是在个人的混乱情绪里不得安生。我们总是担心旅程的下一站会有什么，结果却错过了这一站的风景，搞得自己半点也不开心，整个旅途几乎都跟着作废。

有个小本商人去几十里外的陌生村庄，买了满满一车的西瓜，用拖拉机拉着赶往城里卖，希望可以大赚一笔。商人走的是山路，一路上都是坑坑洼洼，非常颠簸，让他的心情不由得烦躁起来。他对这一带又不熟悉，又急着赶路，所以就赶忙向路边的一位农夫打听，问农夫要走多久才可以走出这条颠簸不平的山路。

“你先别着急，要慢慢走，再过十分钟就能到大路了。”农夫回答道，看到商人着急的神色，他又赶忙提醒，“但如果你快速赶路的话，就会耗费掉你更多的时间，甚至还会白赶路。千万别着急！”

“说得什么歪理啊？根本就是在胡说八道！”商人根本就没有理会农夫所

说的话。问完路以后，他就急急忙忙地加速前进，想要在十分钟之内赶快走出去。不料还没走多远，车轮就被大石头给撞上了，装满西瓜的车也猛烈地摇晃了起来，有不少西瓜都从车子上面滚落了下来。由于车速的冲击力太大，轮胎也被锋利的石头尖给划破了。西瓜摔坏了不说，连车胎也被撞坏了。

商人大呼倒霉，经过一番努力，终于把车子给修好了，也把落在地上没有被摔坏的西瓜重新装上车。可是他却累得没有力气，他疲惫地回到了驾驶座上，想要快点赶路都不行了。

这个时候，他忽然想起了农夫刚刚所说的那番话，恍然大悟。在剩下的一段路上，他十分小心地开车慢慢行驶。不一会儿就来到了大路上面，只不过，这个时候天已经完全黑下来了。

人生毕竟不是一次游玩，在旅途中，我们都有负重经历。这个“重”，也许是我们正在做的工作，也许是旁人的嘱托，也许是自己必须完成的目标，这时候，你的步履已经是沉重的，让你劳累。所以，你更要有一份轻松的心态，才能领略路上的风景，做好你正在做的事。赶路的人行色匆匆，被担子压得快要断了脊梁；旅游的人轻松自在，不但能到达目的地，还有不少美好回忆。要当一个旅游的人还是一个赶路的人，全在于你的决定。

而最聪明的人，总是一边赶路一边旅游，正事闲事两不耽误。因为他们有一份悠闲的心态，始终懂得舒缓自己的步调。他们也会忙碌，忙起来也会不分昼夜，但接下来他们一定会以玩乐“补”回来，不让自己百忙一场。

心宽的人不会担心下一站，因为他们有“兵来将挡，水来土掩”的能力，早就看开了成功与挫折、欢喜与悲伤，所以不论什么事情降临，他们也能及时地调整自己，他们不是被命运牵着走，而是自主地选择生活的方式，妥善地处理生命中的一切。这种人，不会是急急忙忙、恨不得一天有 48 小时的人，而恰恰是那些步伐缓慢、心态舒展、将一切放在心里的人。试着拥有这样的人生，你的生命才是一次美好的旅行，而不是负重的行进。

# 下辑

## 内服良药，外敷忠告，心宽是良药

人生在世，我们体会着生老病死，承担着喜怒哀乐，每一天都在为生活奔忙。我们为目标追逐，为现实迷惑，为人情困扰，始终缺少一份闲情逸致，去拈花把酒，笑对风云。换个角度想，为什么我们不可以悠闲地生活？为什么我们始终要逼迫自己？放宽心态，放稳心神，放松心情，让生命重新找回应有的轻松和宁静。

# 第八章
# 你生气，是因为自己不够大度

常言道：眼里无尘，天地自宽；心若有容，天地自大。烦恼由心而生，就应该由宽心抹去。不要为小事介怀，烦恼不应该是人生的常态。学会以宽容的心态包容生活中的琐事与摩擦，就能告别那个烦恼的自己。

## *01* 心生快乐则“乐”，心生烦恼则“恼”

智慧不开，便参不透人生的烦恼。

人为什么会烦恼？答案五花八门。究其原因，也许还是智慧不够，参不透；度量太小，想不开。我们只是俗世中的俗人，没有参禅悟道的本钱，也不想离群索居，更无法摆脱纷扰的世事。但是至少我们应该尽可能让自己远离烦恼，即使这不是一件容易的事。

一个年轻人心中充满烦恼，他忽而想到不可知的前程，忽而想到不知道如何追求的意中人，忽而想到学业，忽而想到双亲。每一天，他都为各种各样的事情烦恼。他想找一个解脱的方法，干脆趁着假期出去旅行，希望能有些收获。

他路过一片草地，看到一个小牧童正在绿草中放牛，他骑在牛背上，吹着一支短笛，看上去非常自在。年轻人问他："你看起来这么快活，难道没有烦恼吗？"牧童说："怎么会没有烦恼？我要写作业，要上学，不过，一放假，我在这里吹吹笛子，什么烦恼都没了！"

年轻人向牧童借来笛子，学着他的样子吹了起来。他根本不会吹笛子，吹出的噪音让他更加心烦意乱。他只好告别牧童，去其他地方找方法。

他走到一条河边，看到一位老者正在钓鱼，老人神态安详，似乎不在乎能不能钓到鱼，只是享受着青山绿水。年轻人羡慕地问："您这样逍遥，难道没有烦恼？"

老人说："谁都有烦恼，但能这样钓钓鱼，什么都忘了。"年轻人借来鱼竿试着钓鱼，却发现自己总想鱼儿赶快上钩，偏偏鱼叼了鱼饵游走了，他气急败坏地扔了鱼竿。

年轻人继续走，走进山间的一座寺庙，他问正在打坐的禅师："这位师父，我心中满是烦恼，很想解脱，你能告诉我怎么办吗？"

禅师看了他一眼问："有绳子捆住你吗？"

年轻人说："没有。"

禅师说："既然没有绳子捆住你，怎么说得到解脱？"

年轻人一下子恍然大悟，原来束缚心灵的不是别人，而是自己，所以，牧童和老人能够在烦恼中享受宁静与快乐，而自己，只能不断寻找解脱方法。

就像禅师所说，烦恼是一条绳子，但是，没有人用它绑你，是你自己绑住自己，还越绑越紧，最后不得解脱。改变烦恼的唯一办法就是改变心态。

就算再多的人告诉你怎样能快乐，他们提供的不过是一把钥匙，要不要打开那扇门，还是由你自己来决定。

烦恼有很多解决方法，有时候按部就班就能解决烦恼。例如学业上的压力，事业上的瓶颈，再烦恼也没用，但一天天努力，那些巨大的困难就会变小，最后甚至不能称为烦恼。甚至可以说，有形的烦恼大多能用这种方法解决——着急没有用，宽心和努力最重要。

想要解决烦恼，不必太急躁，你越是急，越是会增加新的烦恼。最好的办法是不要搭理心中的烦恼，转移一下注意力，做一些能让自己开心的事。烦恼的对立面就是开心，烦恼的时候寻开心准没错。解脱自己心灵上的桎梏，生活中的烦恼便也遗忘了大半。

69 岁的王亚梅老人是在这个小区里家喻户晓的人物。她不是个名人，也没有什么特别的才能。退休后，她每天喜爱干的事只是在阳光底下摆个小板凳，抱着她养的狗舒舒服服地晒太阳，可是，小区里的每个人都知道她，都喜欢她。因为她是他们的“知心奶奶”。

前年的一个下午，王奶奶一边晒太阳一边听广播，突然被一阵争吵声打断。吵架的人是刚搬到这个小区的小两口，刚结婚没多久，都是独生子女，都不知道体谅对方，又各自有一堆的烦心事，这天吵了一个上午，现在嚷嚷着要去离婚。王奶奶对他们说：“你们俩都过来，离婚也要和人说说原因，先跟我说说，我给你们裁断。”

小两口正在气头上，突然遇到个能评理的，就一左一右地开始跟王奶奶抱怨对方的不是，一直说了两个小时，说得口干舌燥。最后王奶奶问：“你们还要离婚吗？”男的说：“好像也没什么大事，而且现在去民政局也太晚了。”女的说：“的确没什么大事，麻烦您老人家了。”然后，小两口亲亲密密地回家了，从此他们每次吵架，都要到王奶奶面前让她评理。

一传十、十传百，起初，年轻夫妻有什么烦恼，喜欢找她；中年人有压力，也喜欢找她；小孩受了委屈，还是会来找她……王奶奶说：“我其实什么也没做，就是听他们说，等他们把想说的说完，自己就恢复了。谁不需要发泄压力呢？反正我闲着也是闲着，就听他们说说吧。”因为有了王奶奶，这个小区的住户的情绪总是格外好，邻里间也更加亲热和睦……

想要保持心情的平和，最重要的是要懂得宣泄烦恼与压力。我们不是圣人，不必把所有的烦恼都压在心里，等自己“想开”。在生活中，我们需要更简单、更合适的办法，这能让我们以最短的时间调整自己的状态，让自己恢复到正常水准。

倾诉是最有效的办法。当你有烦恼，马上向别人诉说一下，听听别人的意见，让别人帮你分担一些压力，就会觉得好受很多。当然，一件事说一次两次叫倾诉，如果次数太多，就是抱怨和唠叨，不但事情无法解决，你也会变成别人眼中的牢骚狂，这个“度”，一定要好好把握，不要让自己没摆脱烦恼，又染上了抱怨病毒。

倾诉的对象也要妥善选择，不要耽误别人的正事，不要引起别人的不快，尽量选择那些真正关心你，能够给你正确建议，性格又较为随和的人，他们的态度能让你的情绪得到缓冲，减轻你烦恼的程度。

此外，哭泣、大叫、大量运动都有宣泄情绪的效果，选择适合你的一种，经常给自己减压，能够保持心理的平衡与健康。烦恼不是一件大事，只要维持心灵的开阔与强健，即使它们出现，也会很快消失，就像冷风过境，却吹不走心中的温暖。

## 02 不为小事介怀，让风吹走烦恼

烦恼和忧愁就像戒不掉的烟，你越是纠缠就越是痛苦。

世事如棋，生老病死，喜怒哀乐，不过是棋盘上大大小小的棋子。它们一步步向你进逼，包抄围剿，逼着你挂白旗投降，这时候，你应该用什么见招拆招，保证自己能够技高一筹？这取决于你的胸怀、你的眼界以及你的智慧。

一个少年向一位围棋大师学习弈道，他看上去很有天分，没用几天就学会了基本技法，不到半年就能战胜大师教了几年的徒弟，可是，他却从来没有赢过自己的师父。起初，他认为自己学到的不过是雕虫小技，根本不能和师父比。但一次又一次的败局，让他不禁心浮气躁，他问师父："师父，我什么时候才能战胜你？"

师父摇摇头说："如果你继续这样下去，永远也不可能战胜我。"

少年不解地问："我下棋究竟有什么问题？请师父指教。"

师父指着他们刚刚收局的棋盘说："你看你，下棋的时候总是在乎一个子下得够不够好，为此殚精竭虑，落子后一旦发现自己下错了，或者觉得不够完美，就再也不能冷静地思考局势，这个时候，你根本不能注意对手的举动，在你过分在意'一步'的时候，你已经输了。"

生命就像一个棋局，每一步都有它的道理，这局棋比我们想象得更大，无数的棋子分布在我们的生活中，我们想要总揽全局，掌控每一步棋，似乎是一件不可能的事。所以，我们能做的就是把握最重要的几步棋，而不是时时刻刻为一些无关紧要的小棋子费心力，就像大师所说，不要过于在意“一步”，要着眼全局。

想要俯览全局，就要站到一定的高度，这就需要你尽量打开自己的心胸，容纳更多的东西，包括那些无所不在的烦恼。你越是在乎它们，它们就越把你的视线牵在芝麻绿豆上，让你觉得生活只有一堆陈芝麻烂谷子，或者一地鸡毛。

真正的生活，其实是在日常生活之上的心灵享受。就像大海中的鱼，越是深潜，就越是感到水的压力和渔网的逼近，但如果能尽力跳出水面，就会看到一番海阔天高的美景。即使再次潜入深海，它也已经是一条开了眼界、有了见识的鱼，它从此可以比较天蓝和海蓝的区别，思考鸟的翅膀和鱼的鳍有什么不同。总之，一旦你的心灵能够跳出生活的囹圄，烦恼就会变得渺小，根本不值一提。

村里有个长寿的老太太，已经活了80多岁，每天笑口常开。村里的人看着她就觉得开心，大家都说：“老太太有福气，老伴能赚钱，儿子女儿有出息还孝顺，就连孙子外孙子都透着机灵劲，特别惹人疼，谁有她那么好的福气呀，难怪整天笑得合不拢嘴。”

老太太听了这些话，总是笑而不语。只有她的熟人才知道，老太太的乐观，并不是因为她的家庭事事顺心，而是因为她想得开。

年轻的时候，她嫁给一个穷小子，这男人心比天高，总想着做大生意，于是家里经常负债累累。她每天都要为柴米油盐发愁，经常担心明天就会没饭吃，没房子住；她的儿女没有一个让她省心，儿子特别叛逆，整天惹祸；女儿体弱多病，让她操心，儿女能有出息，她不知操了多少心；现在儿女的孩子也在她身边带着，每天依然有很多烦恼……

老太太乐观的秘诀在于她想得开，她总是说："既然已经来了，躲也躲不过，那就想办法解决吧！就算解决不了，那也没什么办法，就认命吧！"起初，人们以为这是她自暴自弃才说的话，没想到她就在这种"乐天知命"的状态下，变得越来越爱笑，老公生意失败，她说："没事，多个教训。"孩子被学校开除，她说："没办法，只好再找个学校了。"她的家人在她的影响下，也越来越乐观，越来越上进，于是，日子也就越过越好了。

如今，老太太遇到孙子外孙子淘气，也仍然无奈地笑笑说："真没办法。"然后动手解决他们出的"难题"，也许只有这副胸怀，才能笑对人生，成为人生的"赢家"吧。

人的胸怀，其实是烦恼撑大的。烦恼带来种种负面情绪：怒气伤身，悲哀伤心，阴郁摧残容颜，烦恼把人拖入深渊，让人疲惫，让人苍老，让人觉得生命是一个负担，渐渐地，快乐离得越来越远，我们遗忘了旧日的笑容，只剩一张呆滞的脸。

每个人小的时候，都会有自己的小算盘，都会有高兴的事就笑，有生气的事就叫，有伤心的事就哭。为什么长大以后，人与人有那么大的不同？有些人遇到高兴、生气、伤心的事，都要抱怨一番，感叹自己的不幸；有些人却正好相反，不论遇到什么事，他们都可以一笑置之，根本不放在心上，该干什么干什么，好像根本没有烦恼，或者根本不在乎烦恼。

烦恼就是这样，它永远随着你的心态转变，你看重它，它就重若千斤，像巨石一样挪也挪不开；你轻视它，它就成了羽毛，风吹吹就走，想找都找不到。所以，想当一个有韬略的棋手，就要有容纳全局的心胸。让你的心像野风吹过的空谷，人来人往，花开花落，烦恼，不过是其中的微尘，阳光一照，也不过透出些颜色，点缀你丰富的生活。

## 03 不是宽容烦恼，而是宽容自己

宽容，能“愈合”不愉快的创伤，能容难容之事。

生活中，烦恼往往不是关系到身家性命的大事，而是些芝麻绿豆的小事，它们就像鞋里的沙子，嗓子里的鱼刺，让人有说不出的不快。还有人际关系中的小摩擦、小计较，生活中的种种琐事，都在不断地累积，不知什么时候，就都成了我们发怒的理由。

一只骆驼走在沙漠中，它体内储存的水已经快要消耗完了，它又渴又饿，突然有块玻璃片扎到了它的脚，它愤恨地说：“我都这么倒霉了，你还来扎我！真是欺人太甚！欺人太甚！”说完又用蹄子狠狠地踩那块玻璃。可它用力过猛，玻璃一下子全扎了进去，划了一个大口子，血汩汩地流了出来，这下，它真的受了伤。

受了伤的骆驼行动更加缓慢吃力了，一群秃鹫盯上了它，在上空盘旋，骆驼想：“这些家伙一定想等我流血而死以后，再吃光我的尸体。”这样想着，它开始拼命地奔跑，一直跑到沙漠边缘，终于摆脱了那群秃鹫。

它刚刚松一口气，突然发现附近气氛有些不对，有几只狼正在接近它。原来，它的血印在沙漠上，味道招来了这些狼。没办法，它只能继续跑，跑得精疲力竭，终于跑进一个土丘。没想到，那里住着一群食肉的蚂蚁，它们闻到味道一拥而上，顷刻间就爬满骆驼庞大的身体。

在即将死去的时刻，骆驼后悔了：它为什么要和一块玻璃斗气，以致送了性命呀！

生活中难免磕磕绊绊，大发雷霆无益于事情的解决，反倒会让你的烦恼越来越多，后果越来越严重。当自己变成一只流血的骆驼，就连你的烦恼也会断送你的生活。有时候也该问问自己：我们到底在烦恼什么，我们的烦恼值不值得？

首先要明确的是，能让我们烦恼的事只有两种，一种是关系到前途的大事，一种是生活中琐碎的小事，后者又占了绝大部分。说到底，我们的大部分烦恼都很小，如果我们能以宽阔的心胸包容，这件事就会变得微不足道。反之，如果我们总是用放大镜观察烦恼，它们就会被无限放大，让你感到切实的压力。

当你为烦恼发怒的时候，不如先问问自己：这么点小事，有什么可生气的呢？当你被烦恼折磨得周身难受时，你其实知道烦恼就像一只虱子，如果不能赶快抓到它，只能忽略。原因很简单，比起更大的目标，在小烦恼上耗费精力，是一种不明智的行为。

孙小姐进了珠宝店，看着满柜琳琅的珠宝，很是开心。她准备选一枚宝石戒指，这时，她不小心碰到了身边的一位太太，那位太太立刻防卫似的护住了自己的包。

本来孙小姐也没怎么在意，但是，这位太太一直将皮包抱在胸前，还以谨慎的目光盯着她。这不由让孙小姐火冒三丈，她开口大骂：“你的包里就算装了几百几千万我也不稀罕！别看谁都像小偷！”那位太太更是不甘示弱，两个人大吵一架，最后，孙小姐再也没有心情买珠宝，开车离开了。

像是知道孙小姐的心情不好，交通路况也来凑热闹，一路上不是红灯就是堵车，这让孙小姐越来越焦躁。她干脆把车子转了个弯，想要换一条路。没想到，她的车和一辆大货车同时到达交叉路口。孙小姐的心情更加失落，看来，这货车肯定要仗着自己的体积大先冲过去。

没想到，卡车却突然停了下来，卡车司机从窗口冲孙小姐挥了挥手，示意她先过去。那是一个憨厚的中年人，黝黑的皮肤和洁白的牙齿在阳光下闪闪发光，一瞬间，就让孙小姐胸中的阴霾一扫而光。她点头示意谢谢，愉快地开了过去，一路上都哼着歌，仿佛那些不快的事从来没有发生过。

人们生气不外乎两个原因，不是为了人就是为了事，人大多是不相干的人，事基本是些小事。往不高兴的方面想，就会觉得自己吃亏受罪被冒犯；往高兴的方面想，全都没什么大不了。生气的时候想想高兴的事，自己就能调整心情；如果刚好相反，高兴的时候还要想生气的事，弄得自己火冒三丈，这就是自找苦吃，也说明你天生是个小心眼，很难觉得开心，早晚会被小事气坏身子。

更多时候，当别人冲你生气的时候，不要忙着还击，想一想自己是不是做错了什么。如果有，马上向别人道个歉，一场冲突就可以避免；如果自己的确没有错，也要选择一个理智的方式来表达，不要选择争吵谩骂；如果你遇到的是一个完全不讲理的人，你还有必要和他起争执吗？——秀才遇到兵有理说不清，何必因为一时的计较给自己带来更大的麻烦？

不要为小事浪费时间，因为生命有限，应该去做那些更重要的事。日常小事不过是小摩擦，只要你自己不用力，它们就不能伤害你；如果你横冲乱撞，它们就会把你划得伤痕累累，流血不止。记住，不和烦恼过不去，不是在宽容烦恼，而是在宽容自己。

## 04 用心灵的清甜将苦难溶解

用乐观面对苦难，你迎接的将是碧海蓝天。

“堵车了！真倒霉！全勤奖没了！”“饭里有沙子！怎么做的饭呀？”“踩到我的脚了！长没长眼睛！”“这家店比那家店贵五毛钱，真是吃亏死了！”……这一类的抱怨，我们每天都在听，甚至每天都在说，伴随抱怨的是满腔的怒火、满脸的不快。抱怨的人分布在各个年龄段，他们最大的共同点是一提到生活，总是不幸福、不快乐。

山里有一座寺庙，寺庙里有个高僧。他心怀慈悲，不少信徒都来山上找他倾诉烦恼。他每天都要悉心开解这些信徒，但是，不论他如何开导，这些信徒依然烦恼不断，这个烦恼想开了，那个烦恼又来了，他们总是在抱怨：“为什么我这么倒霉，为什么别人的生活都那么顺利？”高僧认为这样下去有害无益，就想了一个办法。

这天他把信徒们全都招到大殿，给他们每人一张纸条，让他们把自己的烦恼写在纸上。信徒们拿起毛笔，写个没完没了。高僧在旁点了一根香，耐心等待。等信徒们都写完，他把那些纸条收走，随手团成纸团，放在佛案上。

“现在，你们每个人去抽一个纸团打开，看看要不要把自己的烦恼和抽中的那个人对换。”高僧说。

信徒们依次上去拿了纸团，打开一看，全都愁眉紧锁，然后像是松了口气，最后他们齐声说：“我们还是不换了，本以为我是世界上最倒霉的人，原来别人的烦恼比我还多!”

大千世界，芸芸众生，烦恼是不可回避的话题。每个人或多或少都会认为自己很倒霉，的确，每个人的人生都不能圆满，总会有些缺憾让人悲叹：儿女双全却父母双亡；知书达理却形象欠佳；事业有成却爱情在低谷……如果仅仅挑出不幸的那部分，世界的确是由一群倒霉蛋组成的，每一个都那么倒霉，但是，别人的烦恼不一定比你少，你绝对不是最不幸的那个。

烦恼一旦生根，就会生长，最初一丁点的小问题，越想就越觉得严重，越想就越是不顺心，恨不得这烦恼马上消失。可是，能称为烦恼的事，恰恰没那么容易消失，所以人们经常与烦恼大眼瞪小眼，看着它越变越大，最后成了心头的一块大病。

面对烦恼为什么要心宽？因为心宽的人才有闲暇多看看多想想，看得越多，懂得就越多，对人对事的理解也会变多。谁没有烦恼？谁的烦恼比谁少？人生是这样一件事：或者想办法解决烦恼，或者找点乐子无视烦恼，每个人都在与烦恼的斗争中渐渐长大，只是失败者太多，胜利者太少，以烦恼为乐的人更是万里无一。

一个小和尚心头常常被各种烦恼占据，他为此焦虑不安，夜不能寐。他觉得他受了很多苦：自幼父母双亡，被亲戚扔到佛寺；没有受到父母的关怀，却经常被凶恶的和尚们恶语相待；饭没吃多少，每天却有干不完的活……有一天，他找到寺院的住持，诉说自己的不幸。

住持并没有安慰他，反倒说：“谁又是幸运的呢？你以为别人没有受过你这样的苦？也许他们比你还不幸。”

“那么，他们到底是如何熬过来的呢?”小和尚问。

住持让小和尚端来一杯清水，他在清水里放了一勺盐，命令小和尚喝一小口，然后问他：“咸吗?”小和尚皱着眉说：“又咸又苦！真难喝!”

住持又带小和尚去了寺院后的湖边，将那杯盐水倒进湖水里，又舀了一杯递给小和尚。小和尚喝下后，他问：“苦吗?”小和尚摇摇头：“不苦，甜甜的!”

“你看，这就是方法。”住持微笑着说。

溶解苦难的，只有心灵的清甜。抱怨的源头究竟是什么？是愿望没有得到满足。那不抱怨的人是什么样？即使愿望没有得到满足，他们首先想的是宽慰自己胜败无常，不必介怀。或者仔细想想苦难的原因，想想如何做才能改变现状，让自己能更如意一些。如果你的心灵始终如湖面一样平静无波，如果你懂得增加心灵的广度，你的心灵的容量就会越来越大，因为感触足够多，一点小小的烦恼，根本不会触动你的神经。

心宽的人不以烦恼为意，甚至有时候看着烦恼，他们会不由自主地笑出来。因为他们已经看穿了烦恼的本质，看穿了什么样的努力能解决烦恼，什么样的时候对烦恼束手无策，产生“尽人事，听天命”的感悟。一旦能够这样想，自然就能笑对烦恼。

如果你的心灵足够清甜，再多的苦都不能改变你的笑脸。与其生闲气，不如做正事，就像咖啡太苦的时候，你应该做的不是拼命抱怨，而是快点加几块方糖。苦水只会越吐越苦，还不如把它放进更大的水域，让它渐渐稀释。

还有，人生并不是一次愉快的旅途，随着年岁的增长，你将逐渐遭遇生老病死、亲人离世，这些都需要你有坚强的承受能力。从现在开始学着达观，一颗宽广的心将是你人生最好的伴侣。

## 05 克制怒气，守住心底的宁静

生气时先冷静，否则就会被怒气冲昏头脑。

哲人说：生气是用别人的错误惩罚自己。有时候我们的怒气都来自别人有意或无心的一个错误，这错误不论在物质上还是精神上，都给我们带来了一定的损失，让我们很难对犯错误的人心平气和，可是，又不能和对方撕破脸皮，只能把大部分的怨气压在心里，造成“内伤”，于是，犯错误的人没什么事，你却气得半死。

李先生正在一家火锅城喝酒吃饭，席上的人都是他相交多年的老朋友。酒过三巡，一个朋友突然说：“上次你和老王合作，你到底做了啥？他老在背后说你。”

“挺好的啊，都赚了不少钱，他还说下次有机会继续合作——他说我什么？”李先生问。那朋友缓过神来，知道自己失言，连连说：“其实也没说什么，反正你注意点吧。”

回到家，李先生越想越不对劲，越想越憋屈。朋友的话肯定不假，这么多年来，这个朋友说一不二，从不捕风捉影，他说老王抱怨，肯定实有其事。但是，和老王合作，利益均分，他又没占对方的便宜。而且出货的时候老王遇到麻烦，还是他去打通关节，当时老王还连连说“谢谢”，怎么反过来还抱怨自己？仔细一想，老王那个人的确不是好东西，总想着占便宜，恐怕是自己没给他便宜，他才心生怨气。但这能怪他吗？这个人真不咋地，以后离远点。不对，上次那批货似乎有更低的进价，老王这家伙不会坑了自己吧？

李先生越想越睡不着，干脆坐了起来，生了一晚上的闷气。此后，他怎么看老王怎么不顺眼，老王找他合作，他想也没想就说了几句风凉话，从此二人成了路人……

谁人背后不说人，谁人背后不被说？不论我们如何讨厌抱怨，抱怨都是一种常态，一个人不顺心，完全有可能随口说几句。人与人的关系是如何搞僵的？就是太把这种抱怨当一回事，越想越严重，最后几句口舌带来猜疑与纷争，甚至变为怨恨。

仔细想想，被人抱怨几句有什么大不了？为什么一定要找人说个明白，最后落得不明不白？多少是非口角都来自于一句无心的抱怨。要包容人性的弱点，不要以为所有人都是圣人，遇到不平连吭都不吭一声。何况就算抱怨你两句，你又没什么损失。

何况，人非圣贤，孰能无过？你难道是一个百分之百正确的神人，从来没做过错事，从来没有给人带来过麻烦？在这个时候，更要容忍人们对你的非议，因为你的确没把事情做到完美。还有，对于他人的抱怨，你一定要这样想：就算抱怨了，他还在帮我；就算对我有意见，他还愿意和我合作。看着别人的优点，自然也就能宽容别人的缺点。你越是能体恤别人，越能得到他人的好感，对你非议的人自然越来越少。

一个男人走进心理诊所，向心理医生诉说了最近的烦恼：他与妻子相处不好，又和同事吵了一架，现在家庭冷战，公司冷战，导致他事事不顺。

接下来，他详细地说了这两个人：他和妻子关系有些平淡，总觉得妻子无法理解自己，于是找了一个情人，通过跟情人的相处，他发现妻子越来越多的缺点，更加不能忍受她，所以关系更不好；那位同事呢，在董事长面前打了份小报告，列举了他的各种错误，让董事长对他心存不满，很影响他的升职。这些都是大事，让他没法不烦心。

心理医生说："既然对妻子这样不满，那为什么还不离婚呢？"

男人摇摇头，他从来没有动过离婚的念头。

心理医生又说："既然公司让你这么不愉快，那又为什么不辞职？"

男人立刻说："这份工作很好，我不想辞职！"

"既然你根本就不能离开他们，为什么不想想解决的办法呢？"心理医生说，"就拿你的同事来说，他说你有错误，你到底有没有？如果没有，你完全可以对你的董事长反驳。既然你不能这么做，说明他说的话是事实，这时候你应该想办法把事情做好。"

看男人认真听着，医生又继续说："不要执着于表面上的不愉快，如果你愿意看看事情的本质，你会发现最重要的东西，与其说别人让你心烦，不如说你在自找麻烦。"

在每日的生活中，不知有多少人喜欢自找麻烦，让自己或者大动肝火，或者耿耿于怀，然后就是怒气在心中酝酿，有时候迁怒于人，有时候憋到内伤。总是控制不住自己的脾气，最后只能变成一个愁眉苦脸、需要看心理医生的"病人"。其实，他们心理上没有什么疾病，只是不能将生活的不如意变作满意，看不到生活令他们满意的一面。

不要急着抱怨生活，不要急着怒气冲冲，生活有很多光明面，你还没有领略，就不要说你生活得不好。还有，千万不要在生气的时候作出决定，这个时候你极不理智，完全凭着一种冲动说话做事，根本没有理智地分析情况，很可能会作出让你后悔的决定。

那么，我们该如何理智地控制自己的怒气呢？有一个方法可以参考，在生气的时候，不论想说什么做什么，都先让自己冷静一分钟，在心里默默地读秒，忍过这难挨的时刻。在这一分钟里，你能让自己慢慢平静，开始冷静分析当前的情况，作出正确的决定。

克制怒气，就是在呵护自己的心境。一颗平静的心，可以让你远离更多的纷扰，在风波乍起的时候，维持礼貌。这是一种良性循环，让你越来越远离心中的急躁与愤怒，修炼自己的心性，让自己成为一个有风度又有智慧的人。

## *06* 斩断烦恼根，让心灵开出灿烂之花

将快乐洒满心田，心灵就会开出芬芳的花朵。

说起烦恼，我们最大的感觉就是“接连不断”。一旦一个人为一件事烦恼，很快，与它相关的事统统变成了烦恼，越是细琢磨，烦恼就越多，最后烦恼成了一张铺天盖地的网，牢牢把你罩住。你不禁要问：“生活怎么会有这么多烦恼?!”唉，生活的烦恼，其实都是你自己想出来的。

古时候有位聪明的商人，他带着一串玉连环求见各国国王。这串玉连环用美玉直接雕成，一个环套着一个。商人放言说，自己走过了上百个国家，见过不少自称有才的人，但任凭再聪明的人，也无法解开这些连环。他的名气渐渐传开，很多国王慕名邀请他来自己的国度做客，商人也从这些国王那

里得到了很多赏赐。

一日，商人又带着自己的宝贝玉连环来到一个国家做客。国王带领群臣设宴招待，宴上，商人捧出连环，国王和臣子们都啧啧称赞。国王问：“这个连环从来没有人解开过?”商人夸口说：“从来没有人解开！如果贵国有人能解开，我就将这个传家之宝献给您！”国王抚摸着环环相扣的玉环，突然抬起手，将玉环掷在宫殿的大石柱上，玉环应声而碎，商人失声大叫。

“你去看看，是不是解开了?”国王说。

“不用看了，全碎了。”商人苦笑道。

一位大臣问：“陛下怎么会想到这个妙法?”国王大笑道：“哪里是什么妙法！我看到这连环，环环不断，就觉得它像每日无尽的烦恼，一掷了之，岂不痛快?”

烦恼的连环，周而复始，没有尽头。那么最好的解脱办法就是连那连环都别去想，干脆就当它不存在。摆脱烦恼和逃避烦恼其实是两回事。摆脱，并不是让你从此对烦恼绕道，对所有困难都持回避态度，而是在心境上，不把烦恼看作烦恼，不将忧愁看作忧愁，所以不会抱怨，不会恼怒，任何时候都能保持一颗平常心。

当烦恼即将出现时，迅速将它掐灭，不去想也不去管，任它自生自灭，是一个最好的办法。因为烦恼最初都很微小，你不理它，它自然就没法缠着你，怕的就是你不理智地与它纠缠，就会觉得缚手缚脚，整个心绪都被缠住。

对待烦恼，一定要学会“大事化小，小事化了”。对于心宽的人来说，天下本无事，庸人自扰之，一件事你认为有多大，它就有多大，还不如把事情看得小一点，轻一点。解决得了的，不要犹豫，马上动手；解决不了的，先搁置，先遗忘，等能力够了再去想。

有个男人出了车祸，他的朋友们听到消息后都跑到医院去看望他。只见他的一条腿被撞断了，打了石膏，正坐在病床上看杂志，朋友们说："无缘无故地断了一条腿，不知道什么时候才能养好，你怎么还能笑得出来呢？"他说："只不过是一条腿断了，总比丢了命好，我为什么不笑呢？"

没过多久，男人的单位嫌他养病时间太久，给了他一纸解聘书。朋友们听说又去看望他。这次，他正戴着耳麦，随着音乐哼着流行歌曲，胳膊还在半空中打着拍子，简直是在庆祝。朋友们说："火烧屁股也不知道着急，你以后就没工作了！"他说："我丧失的只是工作，又不是工作能力，为什么要那么着急呢？"

又过了一段时间，男人的妻子实在受不了他的个性，和人私奔了。朋友们又去医院看望，这次，他们想一定会看到男人愁眉苦脸，可没想到男人却在病房里画着画，看上去很轻松。朋友们说："你快改改你的个性吧，就是因为这样，你的妻子才会跟人跑了。"他说："这并不是我的个性能够决定的，而是早晚会发生的事，我没理由改变。"

一个朋友说："你是不是什么都不在乎，才会这么乐观？"男人说："怎么会？我非常在乎她，经常看着她的照片发呆，但是，她已经走了……"朋友们这才知道，男人不是什么也不在乎，只是他的心比其他人更宽，更愿意向前看。

真正懂得生活的人，不会自寻烦恼，不会作茧自缚。不论他遇见什么样的事，都会首先告诉自己："这没什么。"以这样的心态对待烦恼，烦恼自然不会接连不断，而是在第一时间消融在你达观的心态中。

对生活恼怒的人，心灵像是蒙尘的玻璃，看不清事物的本质，也看不清事物背后蕴藏的东西。有时候，恼人的事件带来的不是心情郁闷，而是某种机遇，可以改变你、成就你，让你实现生活的转折。对待烦恼越是清醒，越能发现生活的本质本就是混杂的，它不会单单给你烦恼让你恼怒，还会给你额外的惊喜与快乐，就看你能不能发现。

乐观不一定是一种性格，多数时候它是一种选择。你想要得到什么样的未来，此刻就必须有什么样的行动。如果你想要光辉灿烂的前途，面对磨难就需要微笑，否则如何保持昂扬的斗志，去对抗源源不断的困难？

你既可以为现在的不如意怒火冲天，也可以做一个有耐心的人，百忍成钢，把生活、人际、事业上的烦恼统统当作未来给予的考验，以更宽大的心态对待它们，修炼自己；以更长远的眼光看待它们，成就自己。要记住，现实也许是寒冬，但在你心中，一定要种满春天的花种，等待有一天的开放。

# 第九章
# 你嫉妒，是因为自己不够优秀

觉得自己远远不及他人时，嫉妒的情绪就会悄然滋生，给心灵投下浓重的阴影，使其不得安宁。其实，每个人都应该着眼于提高自己的能力，与其嫉妒身边的人，不如试着学习，试着超越，打造一个优秀的、让旁人羡慕的自己。

## *01* 不必羡慕别人的花园，你也有自己的乐土

世界上没有两个一模一样的人。

嫉妒是一种负面情绪，但是，它并不是完全不能控制的。之所以会产生嫉妒，主要是一个人觉得自己什么都不如别人，才会变得心理阴暗。如果能够发现自己的优点，看到自己也有耀眼的一面，看到别人有不如自己的地方，嫉妒的情绪就会被冲淡，因此而来的自信，会让自己的心胸越来越开阔。

小说《三国演义》中有个著名情节，周瑜被诸葛亮的计谋气死，死时说出：“既生瑜，何生亮?”郁郁而终，一向被人当作嫉妒者的下场。

虽然这个情节并不是史实，但却能给我们不少启示：周瑜何必只盯着这一个方面？为什么不想想“曲有误，周郎顾”这个典故，那个让懂音乐的人由衷佩服，让弹琴的少女故意弹错的人，可不是那个晃着羽毛扇的诸葛亮。如果周瑜能够看开一点，就算战场上有胜负，他仍然是一代风雅的儒将……

嫉妒这种情绪，说穿了是觉得自己不如别人，一味盯着别人的优点看个没完，难怪会越想越郁闷。但是，在看别人优点的时候，为什么不想想自己也有优点？你看到别人的诗情画意，何必想自己不会写诗作画，为什么不想想自己是个理科高手？

不能看到自己优点的人是可悲的，他们只能沉浸在嫉妒的情绪中，根本无法自拔，因为他们感觉不到自己身上有任何东西能够与他人抗衡，只能扭曲自己的心理，诋毁他人的优秀，似乎把他人的形象拉低几个层次，自己就能高大起来。

心宽的人都懂得如何调节自己的心理，特别是在嫉妒他人的时候，他们可以理智地分析自己和对方的优缺点，得出综合评价；可以竞争，用自己的努力来与对方一争高下；甚至可以把自己当作阿Q，安慰自己说尽管“没对方漂亮，但个头更高”，这样也不失为一种平衡方法。总之，一定不要把自己放在低人一等的地方，因为放得久了，你自己也会看轻自己。

大学时，宿舍共有四个女孩，她们都有出色的外貌，聪明的头脑，讨人喜爱的个性，她们之间的竞争也从来没有停止过。在这个宿舍，每个人都有自己嫉妒的对象，或者嫉妒对方的家庭好，吃穿用度都比别人高几个等级；或者嫉妒别人的男友好，从初中开始两情相悦，至今没有改变；或者嫉妒有人外语口语好，可以直接与外国人对话……

这种嫉妒的情绪持续了四年，四个人各自看其他三个人不顺眼，寝室里的关系时好时坏，经常发生争吵。大考小考都要比个没完，每年的奖学金争得不亦乐乎，谁也不肯服谁。直到大学毕业后，这种攀比也没有停止，她们总是互相打听对方的状况，想知道对方过得怎么样，想知道自己是不是混得比对方好。

多年接触下来，四个人也有了一定的感情，只是那种嫉妒兼羡慕的感觉始终没有变淡。后来，她们结婚的结婚，出国的出国，创业的创业，联系渐渐少了起来，偶尔想起其他人，第一个想法不再是嫉妒，也不再是不服输，而是对青春的怀念。

很久很久以后，她们有过一次聚会，发现四个人走了四种不同的道路，每个人都有所成就。她们在一起互相问候，互相关心，一起分析正面临的问题，并约好要常常在网上聊天，以便给其他人提供帮助。聚会结束的时候，其中一个人突然说："真奇怪，以前我总是嫉妒你们，其实现在我依然觉得你们的生活让人羡慕，但我的心态的确变了，现在的我更相信，我的选择没有错，我过着最适合我的生活。"其他三人同时点头，那长久的青春心事，终于在这一刻化为彼此的默契。

世界上没有两片一模一样的叶子，世界上没有两个一模一样的人，即使你和别人境遇多么相似，性格多么雷同，做着同样的事，有同样的目标，甚至付出同样的努力，最后你都会发现你们是两条路上的人，你们的生活完全不一样。这个时候你会发觉，嫉妒没有什么实在的意义，因为最能让你满足的，终究还是自己的生活、自己的路。

如果能早一点看透这个事实，我们的生命就会少了那些不必要的嫉妒，多一些赏心悦目的风景。至少，当你看到玫瑰的时候，你不会去羡慕那硕大而馥郁的花朵，因为，你是正在天空飞翔的蒲公英，你有你的生活方式，你有你的自豪和快乐，你享受着自己的生命，不贪多也不抱怨，这就够了。

永远不要嫉妒他人的生活，他人有他人的崇山峻岭，你也有你的青草地与白云天。越早明白这个道理，你的生活就会越轻松，心态就会越开阔，更能认清自己该走的道路。当你能够在承认别人优点的同时，也看到自己的优点，你已经初步具备了优秀者的心胸。接下来，就按照你选择的道路飞翔吧，你有属于你的世界。

## *02* 嫉妒只能滋生痛苦，何不宽厚待人

嫉妒是一种很可怕的情绪，它能吞噬你所有的正面能量。

嫉妒是一种负面情绪，它一旦滋生，就会带来种种负面情绪，如惧怕、自卑、恶毒、脆弱、敏感……它会蔓延到心中各个角落，占据你的每一个意识，甚至让你的所有行为都被这种嫉妒影响，让你的生活重心不自觉地发生偏移。从前，你为自己而活；现在，你的生活都在围绕那个你嫉妒的人，时而惧怕，时而厌恶，时而羡慕……

一只大老鼠躲在老鼠洞里不敢出来，它对小老鼠们讲："世界上最厉害的东西就是猫！猫是天底下最凶猛的动物，它们的爪子能一下子抓烂我们的骨头，遇到猫，我们一定要远远地躲开！"一边说，一边瑟瑟发抖。

"不对啊！"一只小老鼠说，"我听人说，狮子才是世界上最厉害的！"

"猫就是狮子！"大老鼠说，"它们的毛，它们的爪子，它们的牙齿，让

所有人都害怕!”

“它们真的是同一种动物吗?我看电视，狮子和猫不是一个样子。”小老鼠说。

“别胡说，让猫听到小心吃了你。”大老鼠叹气道，“我一直希望自己也是一只猫，这样就可以什么都不怕，每天都有好吃的，不被东躲西藏。哼，猫真是幸福的动物，真让人看不顺眼……”

“可是……”小老鼠怯懦地低声说，“昨天我还看见那只猫被狗欺负……”

大老鼠并没有听到小老鼠的话，它仍然沉浸在对猫的嫉妒中，它什么也听不到。

俗话说，一叶障目，不见泰山，嫉妒这种情绪一旦蔓延，会以不同形式表现出来。故事里的老鼠嫉妒猫、畏惧猫，到了将猫当成狮子的程度。这就是嫉妒的极端反应之一，在嫉妒者心里，被嫉妒的对象要么卑微如草芥，恨不得踩上几脚；要么狰狞如猛兽，让人战栗不已。而人对整个世界的印象，也跟着这种心态被扭曲。

嫉妒能够改变你的生活，一种是负面意义上的改变，它让你从此草木皆兵，眼里心里充斥的都是被嫉妒者的形象，你不得不用大量时间研究对方，为的是发现对方哪里不好，为的是找个什么时机让对方尝尝败北的滋味；或者沉浸于幻想，幻想自己成了对方，生活将有多么美好，这种幻想又很快为现实打破，让你更加咬牙切齿。

但嫉妒有必要吗？实际上，只要你不是老鼠，对方不是猫，你们不是你死我活的关系，何必为那个人浪费时间和情绪？你们之间也许有竞争，也许有利益冲突，但终究是两个互不相干的个体，在多数时候都是你走你的阳关道，我走我的独木桥。想要心宽，首先要明白什么事最重要，最重要的是你生活得好不好，而不是别人生活得怎么样。

雨笙高中的时候，曾经用三年的时间嫉妒同班的一个女孩，原因也很简单，雨笙一直喜欢的男孩追求那个女生做自己的女朋友。雨笙承认，那个女孩美丽温柔，学习也不错，人缘也很好，简直挑不出毛病，而自己却是个喜欢打球的假小子，没什么女人味。她理解男生的选择，但是，嫉妒之火一旦燃起，就根本扑不灭。

雨笙想留长头发，想要模仿那个女孩的发型；听说那个女孩平时都在练书法，雨笙自己也报了一个书法班；那个女孩是英语课代表，每天用清亮的声音带领大家晨读，雨笙每天都在家里念几个小时的英语，为的就是在口语上超过她；每次考试，雨笙更是注意女孩的每一门成绩，她的分数那么高，贪玩的雨笙望尘莫及……

在这样的煎熬中，雨笙终于考上了大学，她庆幸自己在报考志愿的时候还算清醒，没有和那个女孩填同一所学校。这段青春故事伴随着毕业落幕，领毕业证的那一天，雨笙突然觉得很感谢那个女孩，如果没有这个完美的女孩，自己根本不会考上一所重点大学。这样一想，雨笙终于释然，微笑着和那个女孩打着招呼，说了话。

没想到那个女孩露出了羞涩的微笑，对她说高中三年，自己都很“仰慕”雨笙。她觉得雨笙长得秀气，幽默、活泼、讲义气，即使每天都在玩玩闹闹，依然有那么好的成绩，只是她们的个性差得太远，她一直没有主动和雨笙说话，她觉得雨笙是整个高中她最欣赏的女孩，如果可以，她也想和雨笙一样……雨笙跺着脚大叫说：“你说什么？你知道吗？我嫉妒你嫉妒了整整三年！三年！”

嫉妒对生活的另一种改变是正向的，适当的嫉妒并不是一件坏事，它对人可以是一种促进。因为嫉妒有一个明确的目标，如果那个目标恰好很优秀，激起了人的竞争之心，那么因此而来的努力，对个人发展而言，绝对是一件好事，甚至是一件幸事。而且，这样的嫉妒往往不会无限扩大，而是随着你的进步而日趋消失。因为当你也达到了对方的层次，你会突然发现对方不是你想象的那么不可超越，至少你也能够做到。

谁的一生中，没有几个嫉妒的人？所谓的理想可遇不可求，当别人拥有理想的家世、理想的外貌、理想的成绩、理想的工作，羡慕或者嫉妒，都有可能产生。但是，不要把别人想得太过完美，仔细观察，你会发现他们也有自己的缺点，他们的生活也不是十全十美，他们也有自己的不如意。如果你愿意设身处地为他们着想一番，就会明白，世界上绝大多数人，并不真的值得人嫉妒，因为他们承受和付出的，往往是别人无法承受和付出的。

防止嫉妒产生的根本办法，就是宽厚地看待他人，不要只看到他人的幸运，不要只盯着他人的优秀，也应该看到他人的努力与付出，看到他人的失意与失去。这样做一来你的心里有了平衡感，二来你会对人生有更深一层的了解，而你那种不妒不恼的平静，也会让更多优秀的人被你吸引，愿意与你做朋友，从而真的提高你自己的水平，这才是完美的人际互动。

## 03 收起嫉妒心，一枝独秀不是春

嫉妒不如超越。

嫉妒，是每个人不愿启齿，却是每个人心里都曾孕育过的情绪。特别是看到与自己年龄相当、能力相近的人取得自己没能取得的成就，这种情绪更为强烈。

习惯嫉妒的人，最难以忍受的就是看到别人比他更有能力，比他更风光，他们内心会有一种摧毁对方的冲动，即使那并不能给自己带来实际的好处。

所以，哲人说：嫉妒是魔鬼。

云洁刚刚升上高中，她是个文静可爱的女生，学习成绩也不错。她的好朋友靖更是同龄人中的佼佼者，不但外貌出众，学习成绩好，就连运动、演讲、歌舞这些事都不在话下，开学没多久就成了在校生公认的校花。云洁表面上很为好朋友开心，内心却不这么想。

云洁总觉得上天不公平，靖在哪一方面都比自己好，就连家境都比自己更优越。从初中开始，她就希望自己能够超过靖，可是每次考试，靖都排在她前面，不论她怎么努力，都缩短不了这个距离。她做靖做的习题集，背靖背过的词典，但是，她的成绩总是比靖差。

到了高中，这种情形还在继续，无时无刻不在折磨云洁，她温习功课的时候，总是想着靖用了多少时间，导致自己胡思乱想。她觉得靖的每一个举动都很碍眼，靖的每一个成功都让她生气，她暗暗盼望靖能在同学面前丢一次脸，只有这样她才开心。她有时也会希望远离靖，去看不到靖的地方生活，但这又是个不切实际的幻想……

她不知道应该如何摆脱这种情绪，她甚至在班级网络上匿名说靖的坏话，让同学们对靖有意见，每到这时，她就有一种快感。等自己回过神来，又很自责。她以为文理分班后，这个问题就迎刃而解，因为两个人会分到不同的班级。但她又觉得，她还是可能嫉妒靖，嫉妒她以后考上的学校，嫉妒她以后交到的男朋友，嫉妒她以后的工作……

嫉妒他人的时候，最难受的其实是自己。他们永远活在煎熬之中，别人的每一次成绩都那么碍眼，别人说的每一句话都像是带有吹嘘的意思，别人受到的每一次夸奖都让自己不能容忍，恨不得这个人不要在世界上存在。嫉妒这种情绪就像不定时炸弹，时刻都有可能干扰你的心灵，让你坐立不安，整天盯着被你嫉妒的对象。

嫉妒进一步发展，就会产生阴暗心理，开始幻想这个人如果能倒点霉，开始希望这个人有不为人知的缺点，开始希望发生什么事伤害这个人，总之，一切让这个人难受的事，都能让自己高兴。这种情绪继续发展，幻想就会变成实际行动。最初是恶意的窃窃私语，然后是造谣，甚至破坏对方的机会，对对方进行人身伤害……总之，嫉妒损人不利己。

人们为什么会产生嫉妒情绪？因为别人拥有了自己所没有的东西，特别是当人们认为自己的条件并不比对方差，却还是被对方抢占了机会，嫉妒的情绪就会铺天盖地般袭来。说到底，嫉妒源自小肚鸡肠，容不得别人比自己优秀。每个人或多或少都有嫉妒情绪，如果不能宽心一些，把事情想开，把自己和他人看清楚，嫉妒就会没完没了，人们也会一直被它摆布。

一块石头卧在山上，享受阳光雨露，生活很惬意。这天，老石匠来选石头，恰巧选中了它。它被锤子敲，被钻子凿，被火烧，痛得它对老石匠大叫："你怎么可以这样对待我？我不干！不要再这么折磨我！"老石匠没办法，只好把它磨了几下，当作寺院的一个台阶，另外选了石头完成他的工作。

老石匠为寺庙雕琢了一座石佛，石佛刻得细致庄严，让人心中肃然起敬，于是，来供奉的人越来越多，人们对那尊石佛顶礼膜拜。被做成石阶的石头很是不快，对那石佛说："真不公平，同样是石头，同样被老石匠选中，为什么你可以接受别人的供品，我却只能被他们踩来踩去？"

石佛说："这并不怪我。当初，你如果能经受住几百万次锥心刺骨的捶打，现在坐在这个香案上的就是你。难道你以为，被砸几下、磨几下就能让别人都供奉你？你受的苦难太少，也只能做一个普通的石阶。"

明理的人才能心宽，当你嫉妒别人的时候，不妨先想想他人成功的道理，绝大多数时候，他人获得的东西比你多，是因为他们付出的努力比你多，承受的压力比你大，担负的责任比你重，把你换在他的位置上，你未必做得好。即使你足够自信，但你认为同样的条件，一次不选你，两次不选你，你真的没有问题吗？

时下很多人喜欢抱怨老板，我们不止一次地听过那句"我辛辛苦苦地工作，赚到的钱他拿去大部分，只给我一丁点"，这种抱怨听上去很有道理，但也隐隐约约能听出弦外之音：我怎么就不是那个清闲的老板？但是，老板真的清闲吗？你只要做好本职工作就可以，他却要完成所有后续工作，还要担负所有责任，如果亏损巨大，你可以拿了工资走人，他却可能赔得一干二净，这样想，你还嫉妒老板的"清闲"吗？

及时扑灭嫉妒之火，才能维持心灵的安静平和。我们不能控制嫉妒的产生，但一定要克制嫉妒的发展。排解负面情绪，最好的办法不是围追堵截，而是适当疏导，将这种情绪用在该用的地方，例如，更加努力地充实自己，以期超越。

每个人都应该有容人之量，即使你很优秀，总会有人比你出色。记住，一旦你嫉妒他人，就是承认自己不如对方，承认自己没有能力超过对方。一花独秀不是春，百花齐放春满园，与其嫉妒其他花朵的芬芳，不如和它们一起，各自展示各自的美丽，组成完整的春天。

## *04* 与其嫉妒，不如用行动超越

行动才能改变一切。

仅仅看透嫉妒，宽容自己，并不能改变我们的生活。想要根除嫉妒，就要让自己有足够的自信，认可自己的一切，在任何时候都不会产生攀比情绪，这就需要有一种“足够好”的生活作为支撑。而这种生活，只有靠努力行动才能获得。

汤姆是美国一家小图书馆的职员，每天的工作就是整理书籍，负责读者的借阅登记，有时候还要修补坏了的图书。

这是一个薪水很低却清闲的工作，没什么升职加薪的希望，每个职员都懒洋洋的，看着图书馆长工作轻松，每个月都有机会外出考察，嫉妒情绪不

知不觉滋生。他们越来越不喜欢工作，因为“馆长什么都不做就有高薪，为什么我们要累死累活”。只有汤姆从来不说这种话，他不认为这种酸溜溜的语气能够改变自己的境遇。

这天，馆长突然对他们：“最近某国发生了地震，虽然不是我们国家的事，但上面有意借着这个机会做一次逃生教育。你们快去做一个如何在地震中逃生的小册子，作为知识手册发给来图书馆的读者。”

职员们都不太高兴，他们问：

“为什么不找专门的作者？”

“有加班费吗？”

“这并不是我们的工作吧？”

只有汤姆，立刻找来了地震相关的书籍，拿回家开始整理这本小册子。为了更全面，他还找了面对其他灾害（如台风、海啸等）时需要做出的应对措施。这些工作用了五天时间，五天后，他把弄好的稿子交给了馆长。馆长看了他一眼，并没有说什么。

小册子顺利印刷，免费发放给借书的读者。馆长还在小册子上特别加上了汤姆的名字，这为汤姆带来了名气，很多杂志找他约稿，让他多了不少额外收入。更让他意外的是，那次以后，馆长每次外出都带着他，有什么重要事情都交给他。没几年，他就成了副馆长，成了同事们嫉妒的第二号人物，但汤姆觉得，他一点都不同情这些辛苦的同事。

只懂得嫉妒的人永远一事无成，嫉妒别人却不耽误办事的人，虽然不那么讨人喜欢，却也会有所成就；不嫉妒又踏实肯干的人，所有人都愿意提拔，因为提拔了他们，自己会有一个得力又有胸怀的属下，让自己放心又省力。所以，学着不嫉妒，能够给生活带来很多实际的便利，因为谁都喜欢一个性格好的人，而不是一个心理阴暗的人。

当你嫉妒别人身在高位，抱怨自己怀才不遇时，你需要马上寻找机会；当你看到别人的风光，抱怨自己虚度光阴时，你需要马上找点事做；当你看到别人十项全能，抱怨自己条件不好时，你需要立刻去充实自己……停止你的嫉妒，看更多更重要的东西，让你的心宽一些、再宽一些，你会发现与其沉溺于鸡毛蒜皮的琐事，不如尽快行动起来，改变此刻的境遇，如此，你才能有更广阔的人生。

通过行动，你可以选择自己成为什么样的人，甚至超越你嫉妒的那个人。不要把你的时间浪费在嫉妒上，要调动所有因素来增加自己的资本，当然还可以利用一下嫉妒情绪，以你嫉妒的那个人为目标，学习对方的优秀之处，缩短两个人的差距。改变生活的，是踏实的态度，而不是一肚子酸水，整天为无聊的事喷口水。

小玉高二时候退学，在小公司做勤杂工，她总想找个体面一些的工作，却一直做着碎纸、打扫之类的闲活。她嫉妒那些坐办公室的白领，却也在嫉妒中生出另一种情绪：别人能做到的，我为什么不可以？她坚信人只要努力总会有出头之日，当发现在一个公司实在学不到东西，她就立刻辞掉工作，去另外的公司。

她去了一家广告公司，她的工作琐碎得很：除了打扫，她还要负责取稿子、送草案，她每天都穿梭在一家家公司间，累得腿几乎要跑断了。小玉很聪明，她会留心看广告案的原稿，揣测设计者和客户的意图，然后帮助他们沟通，这样一来二去，她也学到了很多东西。此时，她已经无暇嫉妒那些会设计的人，只想跟着他们多学点有用的东西。

小玉认为仅仅通过这种学习还不够，她又把自己不多的储蓄全都换成广告类的书籍，晚上就在灯下苦读，不懂就找公司的前辈问。当设计师们对作品品头论足时，她总是竖起耳朵，一字不漏地听。此外，她还经常自己揣摩电视、书籍、建筑物上的广告，找到它们的优点和缺点，并自己加以改进。不知不觉，她的脑子越来越丰富。

一次，公司在全体员工范围内征集一条广告创意，小玉也自己写了一条，把创意给了主管。主管没想到一个打杂的小工竟然有这么精彩的创意，他试着将方案拿给顾客，顾客大为满意。从此，小玉成为负责创意的员工，也成了这家广告公司的一个传奇人物，经常有外人和公司的人打听她，把她当作偶像来崇拜……

改变不应该是一句口号，而是切实的计划；独特不应该是一句空话，而应该是实在的行动。每天都要提高自己，才能真正挖掘出自己的潜质，提高自己的品位，让自己更加独特，直至焕发出旁人无法忽略的光彩。而嫉妒的情绪，只是在延迟这个时间。

生活中，我们要学着控制嫉妒。人的情绪说多也多，各种感觉纷至沓来的时候，心头乱糟糟；说少也少，有时候能够集中地喜欢一个人、讨厌一个人、嫉妒一个人。当嫉妒的“浓度”过高时，我们可以分散嫉妒情绪，让它和佩服、羡慕等正面情绪互相抵消；也可以转移情绪，去做做其他事，暂时忘记这种磨人的感觉。

可能的话，我们要学着不嫉妒，以豁达谦虚的姿态去面对周围的一切，尤其是那些优秀的事物。要相信，有一个优秀的人在你身边，你的生活会大大提升：你们是陌生人，通过观察，你能借由他的优秀改掉自己的一些坏习惯；你们是朋友，他会用自己的智慧与行动帮助你，甚至给你提供某些机会；你们是知己，他将是你人生道路上的重要陪伴者，让你每个阶段都有切实的动力，因为没有人想输给身边的人，有了他，你就不敢放慢脚步。

就算你们没有任何关系，优秀的人也是一道赏心悦目的风景，你应该有容纳的心胸，难道你愿意自己的世界只有差劲与衰败？不要让嫉妒过久地缠绕着你，真正优秀的人，都是心灵的胜利者，不会看着别人的收获心中泛酸，于是，他们的生活中也就充满了沁人的甘甜。

## *05* 找到自己的沃土，生根发芽

人生犹如一次播种，一次耕耘，每个人都有一块属于自己的土地，找到它，然后在那生根发芽。

有时候嫉妒的产生并不仅仅是对他人的羡慕，而是来自自身的一无所成，发现同龄人或者学有所成，或者术业有专攻，自己却什么也做不好，什么也得不到，心理怎么可能一直光明？这时候，一定要不断尝试适合你做的事，直到找到真正属于你的位置。

有一个女孩出生在小山村，好不容易考上了一所完全没名气的大学，毕业后，她根本找不到工作，只好回到山村，靠父母的关系进了村里小学当教师。可是她口齿不灵，只讲了一周课，学生们都反映听不懂，最后，学校只好辞退了她。她的母亲安慰她说："脑子里有东西未必能表达出来，会有更适合的工作等着你。"

她又进了村里的工厂当女工，照纸样用剪刀把布剪出来。可是她的动作

实在太慢，没几天也被工厂老板轰了回来。她的母亲说：“干了很多年的人自然很快，你一直读书，哪里能快得起来。放心吧，会有更适合的工作。”

后来，她又换了很多工作，每一个都不合适。她对自己很绝望，嫉妒那些什么事都做得好的人。母亲又安慰她：“他们只是比你更早找到了适合自己做的事，不要嫉妒他们，你会做得比他们更好。”后来，她开始做生意，把山里的水果卖给城里的罐头厂。到最后自己开了罐头厂，她发现自己能够及时发现商机，比如今年该种什么样的水果，该养什么样的牲畜，她总能早别人一步，大赚一笔。

她的成就，让她的妈妈充满自豪，她说：“以前我总觉得，妈妈的话只是在安慰我。现在我才了解，每个人都有最适合做的事，找对了，你就是成功的，否则，只能一事无成。”

每个人都是一粒种子，都有长成参天大树的潜质，但是，不是所有的土壤都适合你，甚至，大多数的土壤并不适合你。就像有文学细胞的人当了会计，有色彩能力的人当了医生，有数学天赋的人当了语文教师……这样的土壤，只会遏制你的才能，让本该盛开的花朵永远在萌芽状态。

这个时候，嫉妒也会产生，为什么别人就可以开花结果，自己却连根秧子都没有？这真是不公平。如果你已经输在了起跑线，只学会嫉妒和咒骂命运，那么你的前途将缺乏亮点。要相信，一个人的心胸绝对能够左右他未来的成败，看到优秀的人跑上去交朋友和看到优秀的人就要冒酸水的人，他们的见识和能力根本不在一个层次。

解决嫉妒问题的根本方法，就是自己也成为一个优秀的人，最好还能让自己嫉妒的人承认自己，这时候，嫉妒就会不知不觉消减，因为自己的人生，已经在这个过程中有了切实的价值。所以，你的当务之急是找到适合自己发芽的土地，而不是看别人的院子里是黑土还是黄土。退一万步说，就算把你放进别人的院子，你也有可能水土不服，一命呜呼。

一个即将填报高考志愿的学生敲开班主任的门，他对班主任说："我的成绩很好，所有人都说我能考入名牌大学，我自己也这么认为，可是，我却不知道究竟该填报哪个专业。父母让我选一个热门专业，这样毕业以后能找到好工作，我不知道应不应该听他们的话。"

"每年都有人问我这个问题。"老师笑着说，"家长的考虑没有错，填专业的时候，一定要考虑到未来的职业。不过，选择未来职业不能看热门还是冷门，而要看你究竟适不适合。事业是一辈子的事，如果不能发挥自己的优势，就是对才能的浪费。"

"我一直喜欢一个冷门的专业，想考农业大学，但父母不同意，他们说以后没有什么发展。"学生说。

"如果你确定自己能够有所发展，未来是你自己的，父母说的未必是对的。"老师说。

后来，这个学生不顾所有人的反对，报考了一所农业大学。大学四年后，他竟然不留在城市，而是去了农村。他种植天然蔬菜，研究更健康的温室大棚，采用农家肥。没过几年，全村的人都跟着他一起搞这个项目，他也因此成了富翁，做出了一番事业。

我们应该如何发现自己的优势？首先要做的是不要"自以为是"，想当然地认为自己能够做某事。如果你真对一个行业产生了兴趣，你应该学习一段时间，看看自己是否能够上手，还要请教这个行业的老手，问问自己是否有这个潜质。最重要的是，经过一段时期的学习，你有没有觉得腻烦？你还剩多少耐心？或者，你越来越喜欢它，到了无法自拔的地步？

此外，行业与行业比较起来，总有热门冷门之分，待遇也有差别，这时候也要遏制自己的嫉妒之心，职业没有贵贱之分，最好的工人也可以让所有人尊重，在其他方面也是如此。坚持你的选择，你的选择就是最好的，你不会再去看别人拥有的东西。相反，别人的眼睛会集中到你身上，开始羡慕你的眼光，羡慕你的踏实，羡慕你的成就，不知不觉，嫉妒的主体已经易位，你已经向所有人证明了你的优秀。

心宽的人不与别人争一时的长短，他们知道每个人都有自己独特的价值。每个人只要充分挖掘自己的潜质，能够沉得下心，耐得住寂寞，一心一意地做事，总会有一份属于自己的天地。不必嫉妒，也不必强求，人生最让人惊喜的事莫过于，当你遇到一个优秀的人，你没有去嫉妒，而是诚心诚意地以对方为目标，或者向对方学习，有一天，你突然发现你已经走到了他的前面，拥有了不输于对方的光彩。

## *06* 放飞心灵，让春天住进心里

一朵鲜花打扮不出美丽的春天。

人们习惯嫉妒身边的人，因为离得近，彼此了解，对方有了成就，自己就会更敏感，对自身产生怨怼，对对方产生偏见，甚至认为如果没有对方，这份成功肯定非自己莫属。

其实，人外有人，就算没有这个人，也会有其他人，你嫉妒得过来吗？

说到底，你的心太窄，根本容不下他人的优点，也就无法改变自己的缺点。

飞宇是学校有名的羽毛球选手，他从小就喜欢这个运动，曾经希望当一个专业的羽毛球运动员，但在父母的反对之下，他只能把这项运动当作业余爱好。尽管业余，他仍在课业闲暇努力练习，希望能取得更好的成绩。

不论是学校里的运动会还是区里的运动会，飞宇都是学校的代表选手，但让他耿耿于怀的是，同校的毕克总是在和他争名次。两个人的技术可谓不分伯仲，这次你赢我，下次我赢你。飞宇视毕克为眼中钉，毕克视飞宇为肉中刺，两个人没事总是研究对方的球技，想找出对方的弱点，以期在下次比赛中将对方击败。

两个人的明争暗斗从小学一直持续到初中。初二那年，他们同时代表区里去市里参加比赛，他们没能如愿在决赛上相遇，而是在初赛分别被人淘汰。回到家之后，他们的心情都很郁闷，飞宇给毕克打了个电话，却不知道应该说什么。毕克呢，他相信只有飞宇能理解他此刻的心情。

从那以后，两个死对头成了朋友，没事就在一起练球，有空还会一起看比赛，一起研究那些高手的球技。也许那场比赛让他们明白，人外有人，天外有天，井底之蛙嫉妒井底之蛙，不能给自己带来任何好处。

我们嫉妒的人，其实并没有那么好，因为在他之外，还有更高明的人、更优秀的人，即使你超过了现在嫉妒的人，你依然会嫉妒别人。说到底，不对的不是别人，而是你的心态。你太过小家子气，只注意看身边高你一厘米的，却忘记世界上有无数的高山。

我们应该看到的是广大的世界。在那之前，先要将自己身边的一切囊括在心中，以平等尊重的态度看待每一个人，欣赏他们的优点，通过切磋学习让自己也能感染他人的优秀，是一件更好的事。先以平常心看待身边的人，你的视野才能不断扩大。

有了这份稳重的心态，再看世界，你会有更深入的感悟。原来自己曾经羡慕过、嫉妒过的一切，在更广的范围内是如此地渺小，自己简直是一只井底之蛙。这个时候，你会庆幸当初你选择的是欣赏别人，不然，此时的你岂不是要被这一山还比一山高的世界气得彻底失去平衡？要记住，有人比你优秀是件好事，一来让你能够确定切实的目标，二来能够让你有合适的学习对象，从这个意义上来说，你应该感谢那些激发你嫉妒情绪的人。

一位老作家正在给一个少年作家的新书写序言。他是一位德高望重的作家，不仅在青少年中很有威望，老一辈的作家说到他，也会不自禁地竖起大拇指，夸他是个难得的人。

老作家难得在什么地方？难得在他对别人的真心欣赏。自古文人相轻，在他身上却从来没有这种陋习，看到有好的文章，他总是不遗余力地推荐。也有人问他：“你这样推荐别人，不怕他们反过来超过你吗?”他说：“文无第一，每个人都有自己独特的地方，哪里说得上超过不超过，就算真的超过了又能怎么样？至少是我发掘了一个人才!”这样的心胸，让很多作家自叹弗如。

人的心胸和成就常常成正比，都说文人相轻，但故事里的老作家却能够真正地欣赏到每一个人的优点，愿意为文坛挖掘更多的新人，以免他们的才华被埋没。这就是真正宽宏的气度。这样的人会不会嫉妒他人？我们不能下断言，但是，他们的行为却给我们确立了一个高度，让被嫉妒折磨的人知道，世界上还有一种人，能够真心欣赏他人，愿意为他人的成就贡献自己的力量。想到这里，就会不自觉地开始检讨自己太过小家子气。

还可以看出，克服嫉妒需要“双管齐下”，一方面提高自己外在的能力，一方面提高自己内在的修为。心灵不够阔，能力再高，也不过换个人嫉妒；能力不够高，心胸再广，说出来的话做出来的事也没有分量，一句话，除了自己的生活，一切都是虚的，嫉妒更是如此。

眼界宽一点，你嫉妒的不过是路边的一朵鲜花，想一想，有多少鲜花在开放，为什么不让自己开朗一点，让心灵保持“春天状态”，自己也做一朵沐浴春风的花朵？而且，你还可以成为温暖的春天，让更多的花朵因为你的善意而开放。活着，就应该追求更广阔的世界，记住，春天远比鲜花美丽，你应该做一个不败的春季。

# 第十章
# 你郁闷，是因为自己不够豁达

生活中，每个人都遇到过这种情况：没来由地心情低落，没道理地丧失信心——这一切都是郁闷所致。对世事，必须有一份豁达的心态，看穿人生的不如意，看透生活的琐碎无奈，才能以平静无波的姿态秀出那个豁达的自己。

## *01* 心窄路就窄，心宽路就宽

只要有足够的达观，每个人都能拥有一片蓝天碧海。

“海阔凭鱼跃，天高任鸟飞”，每个人都想做跳跃的鱼、飞翔的鸟，享受自在的生活。偏偏生活给我们的并不是自在，而是一波接一波的郁闷情绪。当我们一次次被打击，一次次目睹生活的无奈，内心再也无法升起跳跃和飞翔的念头，郁闷由此滋生。

两个病人躺在病床上，他们得了重病，不知道还有没有康复的希望，至少现在，他们连下床都做不到，最多半躺在床上。不过，他们的心境倒是完全不一样，靠窗的人每天开开心心，靠墙的人每天都觉得自己要死了。

为了安慰靠墙的人，靠窗的人开始给他讲自己看到的事——从靠墙的人的角度，他根本看不到窗子，更别提窗子外发生的事。每天一起床，靠窗的人就会给靠墙的人讲外面的景物：小草发芽了，野花开放了，有什么样的树木，小孩子在放风筝，有个男孩拿着一朵玫瑰，也许他想追求医院里的一个护士，不知是不是漂亮的李小姐……

靠墙的人很羡慕靠窗的人，他能看到那么多的东西，而自己只能在旁边听，有时候，他甚至有点嫉妒对方能看到。过了几个月，靠窗的人竟然能站起来了，医生诊断他可以回家。靠墙的人想："一定是那扇窗户，让他得到了康复的希望。"他跟护士商量，等那个人走后自己去睡靠窗的床，他相信他也可以重新恢复健康。

第二天，护士将他挪到那张梦寐以求的床上。他迫不及待地看向窗子，他惊呆了：窗子外面什么也没有，只有一面惨白的墙。

所谓的乐观，并不是来自于外界，而是心灵的宽度。就像故事中靠窗的病人，即使面对一面空白墙壁，他也可以自得其乐，想出各种有趣的事安慰自己、安慰他人。人的生活往往是由态度决定的，心宽的人即使走在绝壁之上，也相信前方"柳暗花明又一村"，"车到山前必有路"，他们才不会悲观失落，白白浪费自己的好情绪。

心窄的人呢？他们总是把自己放在围墙之内，有意无意地加高墙壁，让自己像个牢狱中的犯人，每天想的不过是那点烦恼，没事还要添点烦恼的斤两。在他们看来，世上没有什么值得高兴的事，人生不过如此：郁闷、郁闷、郁闷……

郁闷的结果是什么？是好好的一个人，没能享受到生命中的快乐也就罢了，还给自己的心灵判了无期徒刑，让它再也无法雀跃。不论有什么兴奋的事，郁闷的情绪都会像一瓢冷水当头淋下，让好不容易提起的热情再次降温，生活重新回到郁闷、郁闷、郁闷……那么，有没有告别郁闷的办法？

苏东坡是中国文学史上最可敬的文人之一，他的可敬之处在于他的旷达。他曾是名震天下的才子，却因为“乌台诗案”被流放。此后，他开始了一连串的流放生活，在一个接一个荒凉的流放地，他离朝廷越来越远，离曾经的赞美越来越远，陪伴他的只有清风明月，他甚至觉得，此生再也没有机会一展抱负。

但是，他没有怨天尤人，不论流放到何处，他都一心一意做该做的事，放开胸怀享受生活，吃喝吟唱，行走于天地之间。这是真正的潇洒，让千百年后的读者羡慕不已。下面这首《定风波》，正是他心态的写照：

“莫听穿林打叶声，何妨吟啸且徐行。竹杖芒鞋轻胜马，谁怕？一蓑烟雨任平生。

料峭春风吹酒醒，微冷，山头斜照却相迎。回首向来萧瑟处，归去，也无风雨也无晴。”

什么能抵制郁闷？——豁达的心态。豁达的人乐观且快乐，他们总像是在路上哼歌的人，没有什么能阻止他们享受生命。这样的人，让人觉得可亲又可爱，即使他们年老、貌丑、能力低，也会把一份快乐的心情传递出去，让人由衷地羡慕。

每个人都应该为自己寻一份“海阔天空”，而不是搭建自己的囚牢。你计较的事越多，世界就会越小，因为你不得不把精力放在不如意的事上，整天思索着如何改变自己的境遇。但其实，改变境遇的方法只有一个，就是脚踏实地地努力，除此之外，一切忧愁都没有用，既然如此，你又何必忧愁?

达观的心态需要两个条件：一是心理疏导，要从心底接受现状，可以更改的也好，不可更改的也好，现实就是现实，接受了，才能寻找快乐；二是一步一个脚印地生活，只有努力地生活，才能觉得自己的每一天都有意义，才不会浪费生命。

心是人开通的，路是人走出的，只要有足够的达观，每个人都能拥有一片蓝天碧海。

## *02* 用心呵护不完美的自己

人生没有不完美的境地，只有用心地去呵护，才能演绎更美的自己。

有时候我们会无缘无故地感到烦恼，不是因为外界发生了什么，而是我们照着镜子，看着自己觉得不顺眼。我们盘点自己身上的缺点，越盘点越绝望，不知道这些缺点将会给我们的未来带来多大的不顺利，想要改变这些自身性格上的东西或者先天的缺陷，但改起来谈何容易。

其实，与其想要修改那些既定的东西，不如以不同的目光重新看看自己。

小泽是个有点自卑的女孩，她总觉得自己有点胖，皮肤不够白，笑起来不够阳光。她很少买漂亮的衣服，很少弄流行的发型，因为害怕别人说她“丑人多作怪”。

小泽16岁生日那天，姐姐送了她一个漂亮的发卡。这个发卡造型别致大方，几颗碎钻点缀得恰到好处，戴在头发上一下子就能吸引别人的目光。看着这么漂亮的发卡，小泽突然想起几天后学校有一个舞会，如果她能戴着这个漂亮的发卡，一定能一改往日的形象，让所有人刮目相看。

小泽开始为舞会做准备，她穿上礼服，烫了头发，试着化淡妆。舞会当天，她果然像自己想象中的那样，成了舞会上人人都目不转睛注视的女孩。她陶醉在被人欣赏的喜悦中，她想一定是那个发卡带来的好运，这真是一个有魔法的发卡。

从会场回家，小泽还在为自己开心，正在打电话的姐姐看着她，露出惊讶的表情问："咦，你没戴我送你的发卡？"小泽说："怎么会呢？因为它，我可是大出风头……"她摸摸头上，发现果然没有发卡，找了半天，才在梳妆台上看到那个发卡。

小泽这才明白，让她受欢迎的并不是发卡，而是她自信的笑脸，人们看重的，并不是她不完美的地方，而是她表现出来的美。从此，小泽终于能够正视自己，她成了一个自信而快乐的女孩。

看自己不顺眼，是每个人或多或少会有的情绪，自己最了解自己的缺点，往深处想想，不自信就会产生。于是，人们总是希望借助外物提升自己的形象，不论那是一个发卡还是一份成绩。人们很难完全相信自己，很少爱惜自己，这也是郁闷产生的一个心理原因。

包容自己的人才是有福气的人。因为世界上只有一个自己，不论有什么样的缺憾，也是独一无二，不可复制的，只有打心底里能够欣赏自己，像修剪盆栽那样剪掉多余的枝叶，塑造想要的形状，你才能更完美，否则，你会在一开始就扔掉这盆盆栽，或者任由它枝叶横生，越长越难看，甚至死亡。

学着以最亲切的目光看待自己。有不如意的地方不是最重要的，最重要的是我们怎样看待。说到底，这还是一个心态问题。镜子里的自己很差吗？的确有些地方不尽如人意，但是，你也应该知道自己的内秀在何处，把这些发掘出来，就可以安慰自己，取得心理的平衡。说到底，你应该以豁达的眼光看待自己。

田莱小时候是个“大舌头”，他说话口齿不清，卷舌、平舌音从来分不出，听他说话，小朋友经常哄堂大笑。他去小学校报到的时候，考他的老师边听他说话边皱眉，恨不得让他回去练一年说话再读小学。

好在田莱是个乐天派，被嘲笑了也不会往心里去。他的爸爸妈妈更乐观，整天教育他要多看自己的优点，只要坚持优点并改正缺点，他就能成为一个优秀的人。所以，即使总是被人嘲笑，他也总是抓着别人说话，老师问问题，他第一个举手，他抓紧一切时间说更多的话。

渐渐地，别人不再笑话他，而是开始纠正他，帮他练习。他有几个好朋友，还和他一起背绕口令，为的是让他说话更清楚。在“多方”努力下，田莱由一个开口就被笑的“大舌头”，变得能说会道。初中后，他就加入了学校的辩论队，直到上大学，他还作为学校的最佳辩手被老师同学赞扬……

接受自己，是提高自己的第一步。不管自己身上有什么样的缺点，好在经过努力，我们可以把缺点变为优点，把劣势变为优势。当我们以开朗的态度对待自己的缺点，用积极的态度将自己变得更好，你会发现越来越多的人想要帮助你。因为在这个世界上，人们喜欢看热闹，更喜欢看到一个落后的人在自己的帮助下有所进步，让他们与有荣焉。

而且，你接受自己，别人才会接受你。不要等待着哪个人做自己的“救世主”，帮助自己改进，带着自己进步。这样的人不是没有，只是未必让你遇到，也未必在最对的时间遇到。与其等待他人，不如自己提高自己，毕竟，人只能靠自己生活，靠自己应对一切挑战。

或者问问自己：既然我们包容了别人，为什么不肯包容自己？既然我们能够欣赏有缺点的他人，为什么不肯欣赏有缺点的自己？不要对自己太苛刻，即使我们不完美，也要学会爱自己，为自己的人生负责。人生没有完美的境地，但是，断臂维纳斯依然能够让人着迷，就让我们为此而努力吧。

## *03* 远离安逸，踏地而行

若安逸，便不能忍受挫折，更易受外界影响，产生波动。

“要是生活中没这么多郁闷，该有多好。”每个人或多或少都曾这样想过，也曾这样说过，试想有一天，可以什么都不用想，什么都不用做，任何事都不用你操心，那将是多么美好。

事实却是，到了这一天，你大概正躺在病床上，而且死期将至。不要以为远离郁闷的安逸生活是件好事，古人早就告诉我们：生于忧患，死于安乐。

从前有一位旅行者，四海为家。这一天，他路过一个深山，被一只猛虎追赶，他拼命地跑啊跑，跑到一片荒原，他简直要哭了，这荒郊野外，根本无处藏身。于是他心急如焚地继续跑，突然发现眼前出现了一口枯井。旅行者欣喜若狂，发力狂奔到井边，看到井边正好有一根藤，他想也不想，顺着藤往井下滑去。

谁知，当他快要到达井底时，听到一阵不祥的“嗤嗤”声，往下一看，竟然看到井底有一堆缠绕着的毒蛇，都吐着腥红的芯子，昂头盯着他看。旅行者吓了一跳，只好攀着藤挂在半空，不再往下去，想要等老虎走了再上去。正当他想松一口气时，却发现两只老鼠正在咬他的救命井藤。一旦藤被咬断，他将跌落井底，受粉身碎骨与毒蛇咬噬之苦。

正当旅行者心急如焚，开动脑筋想要找到解脱困境的办法时，一群蜜蜂从井口飞过，滴下几滴蜜来，恰巧竟落在旅行者嘴边。他一尝，那种甘甜的美味从嘴巴进入心里。他一下子沉浸在醉人的甜蜜中，竟忘记了身处险境，只听“砰”的一声，他跌了下去！

对于一个无所事事、混沌度日的人，生活不过是吃饭睡觉，没有什么惊喜也没有什么波折，他们从生到死，就像走了一条直线。但是，对于一个有雄心、有梦想的人来说，生活有时候简直就像炼狱，井底有毒蛇，井外有老虎，救命的绳索还被老鼠啃咬，这时候，最需要警惕的就是那滴甜到心里的蜂蜜。

安逸是一种麻醉剂，它让我们沉湎于一种慵懒的状态，让我们觉得只要赖在那里，就没有烦恼，就不会郁闷，一切都能对付着混过去。这不是“想得开”，而是对生活的放弃，是不再努力、不再追求，这个人也不会再有发展，只会变得越来越平庸。

我们讲豁达固然不错，但千万要记住，豁达是对待生活的从容心态，不是对生活的“无所谓”。杞人忧天固然不好，但过分乐观，什么都不担心，以为一切都是好的，一切都会变好，也让人担忧，因为这会造成懒散，降低人的自主性，让人把一切都交给未知的“运气”。这种心态也是灾祸的根芽。

一个农民每天在地里干活，妻子在家里织布，他们过着贫苦的生活。每一天，他们都祈祷着能够尽快改善这种生活状态，过得富裕一些，轻松一些。

也许是他们的祈祷打动了上天，这天男人锄地，在地里翻出了一坛金子。男人和妻子欣喜若狂，他们用金子换了大房子，换了新衣服，换了美味的食品，还雇了一个佣人，从此，他们过上了每天听书看戏的悠哉生活。

几年后发生了饥荒，为了在遥远的地方买粮食，夫妻俩花光了所有的金子。第二年，他们只好重新耕地织布。可是，男人已经忘记了怎样种地，女人织出的布都是残次品，他们根本不能解决自己的温饱问题，终于在冬天来临的时候沦为了要饭的乞丐。

安逸是生活的陷阱，它会把一个人变作温室中的花朵，从此经不起一丁点风吹雨淋。温室中的花每天想到的是什么？只有温室主人按时的浇水施肥，它的世界只有那么大，没有不顺心，也不会有惊喜，这种状态，多么像我们臆想中的“一帆风顺”。可是，把这种生活给你，让你从此不能接触真实的阳光，看不到大千世界，你愿意吗？

安逸是人生的陷阱，让我们沉浸在一时的欢乐中，忘记未来的不测与危险，也让我们的能力只能停留在某一个阶段，失去进取的紧迫感。而这个阶段，恰恰注定了我们的平庸，让我们从此甘愿安于现状，让我们看着别人一步步走到我们前面。

我们应该追求更广阔的生活，让我们的心灵去经历更多的东西，包括苦难与挫折。所以，对郁闷没必要全盘否定，保留一点郁闷，保持一定的“忧患意识”没什么不好，即使在笑口常开的时候，也要知道未雨绸缪，不要因此时的欢乐降低对灾祸的提防。真正的达观者，既能享受欢颜笑语，也能接受不测风云。

## 04 告别沮丧，迎接浩然阳光

过去无法重来，今后尽在掌握。

内疚也是沮丧的一个重要原因。在我们犯下错误，伤害到别人，损伤了团体，无法弥补他人的损失，于是一再自责，开始幻想如果时间可以重来，如果能够有一个挽回的机会，自己一定不会犯相同的错误。这样的自责一再重复，事实越来越模糊，剩下的只有对自身的不满、怀疑，于是开始缩手缩脚，再也不敢面对其他事。

一个女孩从小就喜欢足球，她很想加入足球队，但是，她个子矮，四肢纤瘦，根本不像个运动员的料子，没有教练愿意收她。最后，她求一位教练说："哪怕让我在球场外捡球，每天打扫球场我都愿意，只希望你让我加入。"她的诚心让教练感动，终于让她进了足球队。

加入球队以后，小女孩照自己说的那样，做一切力所能及的事，每天打扫训练场上的垃圾，还帮队员们处理各种杂事。当教练带着队员们训练时，她就坐在替补席上，一字不漏地听。每天运动员们走光了，她就带球进行训练。教练看她这样努力，有时也会在不重要的比赛上让她出场，但是，每次她的表现都很差。

女孩也怀疑过自己，认为即使这样坚持下去也没什么意义，但她思来想去，觉得自己还是喜欢足球，没办法放弃。于是她继续坚持，用更多的时间刻苦训练。终于有一天，在一场重要比赛上，教练让她作为替补出场，她在众人惊讶的目光中，踢进制胜的一球，让所有人刮目相看，她也从此成了球队的正选球员。后来，她更是再接再厉，成了一名出色的球员。

每个人都曾因失败而沮丧。辛辛苦苦地付出，换不来想要的结果，甚至使所有的努力付之流水，这样的事实怎么能不让人郁闷？而且，失败是对一个人能力的最大否定，直观又有说服力，不能不让人对自己产生怀疑：我适不适合做这件事？我真的有成功的能力吗？

想要获得认同感，是每个人的心理诉求，关系到个人的尊严与骄傲。失败却毫不留情地将这种骄傲打倒，让你得到他人的同情或者嘲笑。这个时候，自己看着自己也会觉得无用。特别是鼓起勇气继续尝试，遭到一次又一次的失败时，那种气馁的感觉，足以压倒一切自信，排山倒海，让人想要马上逃离，选择另一条路。

行百里路半九十，很多人就是在失败的打击下，放弃了可能属于他们的成就。所以，我们应该拿出一些韧性，宽心一点，与未来相比，失败并不是一件大事，它只是成功必须经历的过程。只要你确定你选的道路适合你，即使最终的结果仍然是失败，至少你不会因为放弃而后悔。任何结果，都好过没有尽力尝试。

“在同一块石头上跌倒三次的人纯属傻瓜”，如果这句话属实，那贾楠承认自己是个大傻瓜。他在同一块石头上已经不知跌倒了多少次，而且不知还要再跌多少次。

贾楠在一所大学学习化学，因为能力不错，他大二的时候就被老师选为助手，参加一些大型实验。贾楠做的工作都是基础工作，他是有心人，在协助老师的同时，自己也在学习，也在试图创造，他一直想按照自己的想法做实验，得到结果。

假期的时候，他没有回家，留在学校埋头实验室。他想在无人的实验室实践他的想法，于是，他进行了一次次的试验，观察一排又一排的试管，修改一次又一次数据，却总是达不到他想要的效果。他也和老师讨论过，老师建议他不要好高骛远，先把该学的东西学好，再去研究高深的东西。

这一天，老师特意找他谈了一次话，干脆地告诉他，以他现在的能力，研究的方向又是偏的，根本研究不出结果，如果再继续下去，还会耽误现在的学业。老师语重心长地对他说："执着是一件好事，但为错误的事情执着，是对生命的浪费。"贾楠认真思考了老师的话，再一次重新审视自己的研究，终于承认自己的大方向的确出现了错误。

为错误的事执着，带来的不是一时的失败和沮丧，有可能一辈子都会在失败的阴影中徘徊不前。所以，我们在坚持的同时，也要有足够的清醒，确定自己做的事究竟有没有前途。不要把宝贵的时间花在一件毫无指望的事上。尝试过，确定没有希望，就要勇于放弃。

放弃不等于失败，而是一次重振旗鼓的机会。比起错误的执着，一种成为惯性的执着，放弃更需要勇气和魄力。当你确定自己选定的生活已经到了必须改变的时候，当你确定接下来的路走不通，当你为一团乱麻似的生活郁闷，是时候检讨一下你的选择。当然承认自己错误并不是一件开心的事，但一条道走到黑更不明智。

不论你因为失败而沮丧，还是因为错误的执着而忧虑，都应该在叹气的同时，想想生命的另一种可能，成功的可能，改弦更张的可能。只有心宽的人才能从一时的失败和错误中看到转机，因为心宽的人愿意把事情往好的方面想，他们知道，生活没有一定之规，人必须走在适合自己的道路上，在找到这条道路之前，一切错误都是尝试；在选择这条道路之后，一切失败都是代价。

## 05 拔掉心灵的杂草

守护心灵的净土，莫让浮华遮住眼。

如果用一张画来描绘郁闷的心灵，最合适的表达是画一座杂草丛生的花园，各式各样的杂草已经有半人高，只能在草的影子中隐约看到花的颜色，就连房子也被草没过，勉强露个窗户。

郁闷的心灵，就住在这样一个地方，灵魂的养分全都被无关紧要的琐事吸走，成长的都是烦恼，这样的人，又怎能体会到快乐呢？

一个哲学家正在给几个学生讲授和心灵有关的知识。他讲了古今中外的哲人是如何从品德、行为、学识等方面，让自己的心灵更为充实平静，但是，这些道理对于年轻的学生来说太过高深，他们露出信服却也困惑的神色。

哲学家说："好吧，我知道说这些，你们也许觉得不够直观，那么，我问你们一个问题，如果你们有一块不大的土地，你们如何保证这块土地上不生杂草？"

"把所有的草拔掉！"一个学生很快回答。

"那需要浪费你多少时间？你没有时间的时候，谁来做这件事？"哲学家说。

"一把火把它们烧掉！"另一个学生说。

"那也会烧坏你的土地，让它们丧失肥力，不能播种其他植物。"哲学家说。

"那究竟该怎么做呢？"学生们问。

“把所有土地种满庄稼，让它们茁壮成长，即使有几根杂草也不要紧。”哲学家微笑着回答，“我们的心灵如果充满美好的事物，那么不论什么也不能妨害它，现在你们明白了吗?”

衣服如果不及时清洗，就会变得肮脏；房间如果不及时收拾，就会变得杂乱；人的心灵如果不及时清理，同样会欲念丛生，让人不得安宁。人们总是想要告别郁闷，活得轻松自在，却总是当懒人，从不注意维护自己的心灵，难怪郁闷的人越来越多。

故事中，哲学家提出了一个简单易行的方法让我们告别郁闷，这就是营造一颗充实的心灵。如果一个人的心足够丰富，多姿多彩，一有空，我们想的是那些让我们沉醉的奇思妙想，而不是让我们唉声叹气的各种杂念。

在心灵层面，我们的选择理应多一些，而不是钻进牛角尖里不出来。我们可以试着流连山水，可以试着发展爱好，可以试着多交朋友，生命中有那么多事，你还没有尝试过，哪里有时间郁闷。郁闷的时候不妨告诉自己：“还有那么多事没有做，等做完了再体会‘郁闷’也不迟。”达观的心态，就在这种暗示中渐渐形成，直到乐观成为你的习惯。

父母离异后，各自组成新的家庭，小珊被疼爱她的外婆带在身边，从此一年也见不到父母一面。外婆年老，腿脚不方便，耳朵也不太好，她总是担心小珊受什么委屈不肯说，但让她安心的是，小珊每天都笑口常开，回到家就叽叽喳喳地说学校发生了什么事，自己今天做了什么，完全不像一个没有父母疼爱的孩子。

其实，小珊的生活并不理想。在学校，她因为没有爸爸妈妈，经常被同学欺负，她的成绩中等，老师也注意不到她，谈不上关心。她没有什么朋友，还要在外婆面前装出快乐的样子，小小年纪承受这些东西，她其实很吃不消。

但是，小珊有一个排解郁闷的方法，她每天放学后都会到附近的公园里，将她的烦恼对着一棵老树全都说出来，把这些负面情绪统统排除后，她又开始跟那棵树说自己的梦想，说她希望自己成为一个快乐的人，希望能在外婆面前当一个无忧无虑的小女孩，希望未来能成为一个医生，让外婆身体更好……每当她这样说完，就会真的快乐起来。

渐渐地，小珊的同学也被她流露出的积极情绪吸引，她的身边多了朋友，多了关怀。她的习惯一直没有改，经常去那个公园，找那棵老树，她觉得这棵树知道自己的梦想，让她能够摆脱日常的烦恼，让她的心灵可以生活在自己希望的地方……

生活经常在我们身上加一些额外的东西，如额外的工作，额外的人际负担，额外的道路，额外的琐事……这些你根本不想做的事大大耽误了你的时间，改变了你的计划，让你常常感叹："如果没有那件事，我已经成了一个了不起的人。"但是，谁不曾被额外的东西压迫？这并不是郁闷的理由，也许，只是上天对成功者的考验，看你到底行不行。

所以，当你发现这些"额外物"时，及时发泄也是一个好办法。不要封闭自己的心灵，把所有的东西都灌进去。宽心自然是我们的目标，但在我们的个性还没那么坚强之前，适当的发泄也是必要的。找个人或找个地方把事情说出来，哪怕写在日记上，也是对不良情绪的一种排遣，为的是让自己更好地面对明天的生活，而不是沉溺于昨日的伤痛。

宽容一点，平和一点，让我们的心一平如砥。人有旦夕祸福，我们能够做的只有善待自己。每个人都应该寻找一个"安心之所"，及时修剪居所里的杂草，让它保持整洁，保持生机，让我们始终能够观照自己的心灵，让它不被迷雾遮盖，始终看得到未来的方向。

## 06 豁达，如同生活在别处

心胸豁达，就不会被杂事纠缠了心神，更不会因境遇而烦闷。

法国一位诗人曾说过这样一句话：“生活在别处。”这句话曾被很多文学家、哲学家、艺术家引用，同样也能引起我们的思索：我们能否让心灵与现实生活分开，既生活在现实中，又生活在理想中？我们究竟能不能达到自己向往的境界？这一切有待我们的努力。

一座山寺里，一个书生正在唉声叹气。他本是个正直的大臣，因太过清廉，不肯与官场中人同流合污，而被看他不顺眼的人诬告，只好避祸远走，躲到山中。他每天只在寺里吃最无味的食物，听寺里的和尚不断诵经，却根本参不透任何人世是非，心中的郁闷可想而知。

寺里有个小和尚钦佩书生的才气和正直，同情书生的遭遇，对他很照顾，不但每天给他端来寺院里最有滋味的食物，把他的房间打扫得干干净净，还在干活后从山里采些野花，放在书生桌上的瓷瓮里。那些花枝靠着瓷瓮里的清水，能开好些天，小和尚每天早上都会来换一瓮清水，让那些花更好养活。

一天，书生向小和尚道谢，又有些奇怪地问：“为什么每一天都要给花换水？”小和尚说：“因为师父告诉我，即使是清水，也要每天更换，才会保持它的新鲜，何况是养花的水？”

书生反复琢磨小和尚的话，越想越有味道。他想到自己每天都在为际遇叹气，让心中充满种种杂念，就像瓮里的水，即使看上去还清透，其实早已沉淀了杂质。何况人生际遇高低，就像月有阴晴圆缺，哪里是自己能把握的？

书生从此不再长嗟短叹，而是开始发奋著书。没几年，他的诗文就传遍了大江南北，传到皇帝的手中。皇帝赏识他的才华，再次将他召回了朝廷。

负面情绪如果不能及时清理，有可能带来严重的后果。它们将改变人生的状态，一个本来乐观开朗的人，会因它变得愁眉深锁；本来心存善念的人，会因它变得阴暗多疑；本来积极主动的人，会因它变得畏葸不前……所以，一旦心灵产生负面情绪，就要争取早日摆脱，而不是任它左右自己。

人的心灵应该像被供养在净水中的鲜花，即使它的生命是有限的，却也能尽量保持颜色与芬芳，让人见之忘俗。如何保持自己的清净？一要认清现实，二要认识自己。现实，往往是不可逆的，不能更改的，即使它没有顺着我们的心意，但至少给了我们一处落脚之地；自己是生命的主体，具有能动性，如果能充分发掘潜力，改变现实也并非不可能。

但是更多的时候，现实强大，我们的力量暂时有限，只能在现实与自己的心愿之间找一个恰当的平衡点，以暂时的让步求得长久的发展。只要能够安然接受这种状态，你就不会被杂事纠缠心神，而是保持一种怡然自得的状态，不为境遇烦闷。

人们都说，俞教授的气质特别儒雅，50多岁的年纪，不像普通男人身形臃肿，腰上全是层层赘肉，而是腰杆笔直，玉树临风。鼻梁上的金边眼镜和整洁的衣物，还有说起话来的那种斯文样，让人觉得这个人像是远离凡俗的世外高人。尤其是他在课堂上摊开一本线装书，就国学、古文字侃侃而谈，更让人心生向往。

学生们常常私下猜测，俞教授一定有一个十项全能的妻子，包办他生活里的大小事情，他才能这样不沾烟火气。可是知情的教授却知道，俞教授的妻子是个天真笨拙的人，什么事都要由俞教授照顾，就连每日三餐，也是俞教授来做。学生们听了大跌眼镜，都说："怎么会呢？为什么他脸上没有一点烦恼的神色？"

"为什么他要烦恼？他不觉得有什么事值得烦恼。"那位教授说，"或者说，他觉得能够研究自己喜欢的学问是最重要的事，其余的事都不能称为烦恼。"

相由心生，气质是天性使然。一个人的心事，即使不写在脸上，鬓边的白发、眼角的皱纹、紧锁的眉头也会出卖你。而那些心怀喜悦的人，他们的眉头始终是舒展的，就像宽广的土地，轻风细雨也好，狂风暴雨也好，都不能让他们乱了手脚。就像故事中的俞教授，他的日常琐事恐怕比一般男人更多，生活的烦恼恐怕也不少，但只要有喜爱的事物，他仍觉得生活喜乐，才成就了自己的气质。

所以，我们应该把自己的心放在最让自己舒心的地方，而不是日常琐事中。想一想我们最喜爱的事是什么，最喜爱的人又是谁，只要想到有这些东西在我们的生命中，伴随着我们的每一天，我们就可以在忧虑的时候，依然生活在这种喜爱和欢乐中。换言之，人要学会转移注意力，尽量把心思放在那些让自己开怀的事物上。

我们应该学着"在别处生活"，这个别处，不是让我们远离世俗，归隐山林，而是把心放宽一些，放高一些，容纳日常的不如意，超越日常的烦琐，想着的都是与理想、与美好有关的事物，这会让我们始终保持对生活的热情。

生活在此间，我们是凡夫俗子，每一天都在作茧自缚，为各种各样的事物烦恼，片刻不得清净；生活在别处，我们却可以成为破茧而出的蝴蝶，自由自在地飞翔。

# 第十一章
# 你惆怅，是因为自己不够阳光

有时候，人们很难摆脱阴郁的情绪：当以足够的努力换不来想要的结果；当有梦寐的目标却与他人未站在同一条起跑线；当十足的信念却得不到他人认可……看开这些不如意吧，能让你成功的是开朗坦荡的心态，而不是一个惆怅的自己。

## *01* 拨开惆怅的迷雾

惆怅，是一声叹息，飘零于尘世中。

一只毛毛虫正在岸的这一边叹气，它面前有一条波澜壮阔的河流，它很想去对岸看看风景，可是，河上没有桥，它又不会游泳，怎么才能过去呢？有时候我们就像这只毛毛虫，生活在此岸，总想去理想的彼岸领略一番，可是，面对现实我们常常力不从心，常常束手无策，这个时候，似有若无的惆怅就会围绕着我们，让我们变得伤感，甚至消沉、绝望……

余先生是个性格温和的男人，他有一份收入稳定的工作，还有一套三室住房，可以说是很多女人心目中的适婚对象，也算是多数人眼中的幸福人士。毕竟，工作不那么忙，不用为生计奔波，是很多人做梦也想要的生活。

可是在余先生心目中，对生活，他始终有一丝惆怅。从小，他就有几个不错的好朋友，他们个个能力超群，而余先生，只是因为家住得离他们近，性格又非常随和，才一直和他们在一起。也许是朋友们太过优秀，余先生也希望和他们一样，有自己的一片天地施展拳脚，但是，不论他怎样努力，他也不过是个普普通通的上班族，过着稳定的生活，没有任何惊喜。

在爱情上，他也渴望遇到一个钟情的伴侣。可是他交过几个女朋友，她们总是摆脱不了自私的习气，对他呼来喝去，很少温柔体贴。现在，他已经对爱情不抱希望，但又不甘心找一个和自己一样毫无亮色的人将就过日子。

在旁人看来，余先生的生活很理想，就连余先生自己也知道，以他的能力，这已经是最好的情况，但他始终不能抹去心中的惆怅，关于人生，他总是有太多的感叹……

惆怅，是我们常常能够体会的一种情绪。它不是抑郁，不是悲观，只是心底一种淡淡的叹息。它看上去并不影响生活，并不影响心情，但总是在你快乐的时候来投点阴影，在你悲伤的时候来加点分量，在你选择的时候来扰乱你的判断，再在你想要振作的时候对你耳语：算了吧，反正不过是那么回事。

惆怅，就是在一望无际的天空中，始终有那么一片阴云，影响了整个景致，挪也挪不走，丢也丢不开，时时刻刻都可能干扰你的生活。太多的惆怅还可能连成一片阴霾，滋长你更多的负面情绪。所以，惆怅不可过分，否则就是自找没趣。本来生活多姿多彩，你却偏偏长时间地沉浸在叹息之中；本来你有让人羡慕的一切，你却还要“为赋新词强说愁”，这就更加让人难以忍受。

当然，很多时候，我们的惆怅是不自觉的，而且是每个人都能理解的。例如惋惜一段错过的感情，怀念一个放弃了的理想，想念一个远去的人，憧憬一种得不到的生活……当生活的不如意就在眼前，我们不能改变，惆怅也可以看作是一种轻微的情绪发泄，但是，比起惆怅，未来更值得你去努力。

大学时，陈辰长相普通，身材平平，看上去没有任何特长。在班级里，她显得那么普通，一开始没有人会去留意她。但她有个优点，就是有梦想、有追求，她梦想自己拥有青春美丽的笑容，有不错的人缘；她梦想今后自己工作能力出众，遇见喜欢的男生；恋爱时，她想象有全世界最漂亮的婚纱，是人人羡慕的漂亮新娘。

或者说，陈辰的优点不是有梦想，而是敢想敢做。她觉得自己就像拿着一支画笔，不断勾勒出生活的轮廓，以美好生活方式经营着一种精致，并慢慢接近梦想中的样子。她发现，她的梦想是那么重要，甚至主宰了自己的快乐，如果没有了可供向往的未来，每天都活得没有动力；如果拥有了向往，就会对未来充满期待，有迎接挑战的勇气。

就算结婚以后，在琐事繁多的婚姻生活中，陈辰依然不肯放弃梦想，她向往节假日和丈夫一起去旅行，向往生一个健康漂亮的小宝宝……

有一年的大学同学聚会上，依然年轻漂亮的陈辰与别人自若地谈笑风生，自有一种“一夫挡千军”的气概，一些同学纷纷向陈辰讨教幸福生活的秘诀。

看着那些脸上写满了生活琐事的同学，陈辰问道：“你们的梦想是什么？”很多人都无奈地表示：现在只想怎么把现实中的日子过好，管它什么梦想。“这就是你们的不幸所在，因为生命里一件宝贵的东西——梦想，已经被磨平了，消耗了。”

直到现在，陈辰依然爱“做梦”，她享受着梦想的过程，也享受着将梦想变为现实的过程，她觉得自己拥有的比全世界还要多。

泰戈尔说：如果你为错失的太阳哭泣，那么你也会错过头顶灿烂的群星。谁没有经过苦难？谁没有为生活烦恼？为什么有些人能够将困难举重若轻地放到一边，继续走自己的路；有些人却将它们一重一重背在肩膀上，成了缓慢爬行的蜗牛？心态不同，结果也会不同，心胸开阔的人，不会为一时的困难踟蹰止步，他们永远看着前方，不急不躁。

就像故事中的女主角，当别人都在为曾经的生活惆怅时，她却在幻想将来的一切，尽管那些东西看上去不切实际。但世界上有多少事，起因都是一个不切实际的念头。想象中的未来，本就应该充满阳光与欢笑，而不是愁云惨雾，始终延续着过去的惆怅。

人们惆怅，还有个原因是能力有限，就像拿着橡皮艇的人只能望洋兴叹，这个时候，你应该试着相信未来有无限种可能，你未必会以现在的状态度过一生。多少平凡的人经过努力，成了名人和伟人。又有多少“赢在起跑线”的人，最后默默无闻。每个人都会惆怅，世间很多事到最后都会化作叹息，但是，迟些叹气，永远比早些叹气好得多，这说明你还在努力，还在相信未来、相信自己。

面对生活，不必总是惆怅无奈，毛毛虫面对大河，只要把脑子放宽，就能想到很多办法：可以绕道过去；可以求人帮助，在人的衣袋里过去；还可以寻找一条船……或者，干脆相信梦想的力量，从现在开始努力，变成一只蝴蝶飞过去！

## *02* 心不惆怅，快慢都开怀

即使处身于最慢的一支队伍，也要开怀面对。

在超市买东西的时候，看着每个收银台前一串长龙，不禁要感叹自己的确是“龙的传人”。刚选了一个相对人少的队伍，不一会儿就觉得自己选错了，这一个队伍是最慢的，于是，懊恼的情绪开始发酵，反复后悔自己当初为什么没能选对。其实，队伍的进度是一样的，是你总是把自己放在一个很高的标准上，才总是被失落感折磨。

澳大利亚科学家曾经做过这样一个实验，实验的结果让人深思不已。这个实验是这样进行的，找几个年龄、职业、收入、能力相当的同性别测试者，假定一系列问题，观察他们的反应。这些测试如下：

让他们同时设想他们将各自拥有一份工作，这份工作符合他们的能力，年薪数额和奖金数额一模一样，只是工作的内容完全不同；

让他们同时设想他们各自娶了一名女性，这些女性都是秀外慧中的美女，各项条件都不错，旗鼓相当，只是性格不大一样，有的很活泼，有的很文静；

让他们同时设想吃一份顶级晚餐，名厨料理，价格高昂，菜式差不多，不同的是，厨师不一样，一个来自西班牙，一个来自法国……

类似的测试还有很多，有些是测试人员直接帮他们选择，有些由他们自己选择。最后测试人员发现，几乎所有人对自己的工作、妻子、晚餐不满意，不管是不是出于自己的选择。他们不约而同地认为，其他人得到的东西更好，其他人的选择更正确，他们甚至懊恼自己为什么没有这样的运气。测试人员相信，即使把一模一样的苹果放在他们面前，他们也会认为自己手里的是最糟糕的一个。

很多人都觉得自己的生活不够好，这并不是一种抱怨，也未必说出口，只是心里一直有这么个念头，总觉得自己得到的是最差的，自己的运气一向没有那么好，于是心中产生了各式各样的惆怅，这种惆怅的核心内容是：××很好，但不如我想象的那么好。至于想象的有多好，他们自己也不知道。

这种“吃着盆里的，惦着锅里的”心态并不能说是贪婪，只是一种混杂了羡慕、虚荣、失意的复杂情绪，多数时候，这就是对生活本身的惆怅感。当自己没有资格说不满意，不觉得哪里真的不好时，心中却还是隐隐抱着更多的期待，期望着别样的生活。这时就会觉得自己站到了最慢的队伍中，自己得到的不是那么完美，自己的生活只是看上去不错。

这样的人，对生活和周围的人多少有些敌视，他们不懂得珍惜现状，所以总是在挑毛病，试图寻找更好的状态。但其实这种挑剔完全没有必要，因为真正让你羡慕的生活，你暂时达不到，你总是在同一水平中寻找不同类型，实际上，你是在否定自我，对自我的选择不确定、不坚持、不享受，难怪你总是惆怅。

在大海里，有一条美丽的小鱼正在游来游去，一张网突然向它罩了过来，下一秒，它已经在渔人的船上。渔人看它长得很可爱，便当作生日礼物送给了邻居女孩。

邻居小女孩是个善良可爱的孩子，她十分喜爱这条小鱼，小心翼翼地把小鱼放在一个精致的鱼缸里养起来，整天与小鱼朝夕相处。然而，小鱼并不快乐，因为这个鱼缸太小了，游来游去就会碰到鱼缸的内壁，这时小鱼就会十分不悦地甩一甩尾巴躲开了。

小鱼越长越大，也变得越来越漂亮，小女孩就更喜欢它了。可是这个鱼缸对它来说就显得太小了，甚至连转个身都很困难。小鱼更加烦闷，甚至连动一下身子都不愿意。小女孩似乎看出了小鱼的心事，有一天，将它从水里捞出来，放到了一个更大的水缸里。

小鱼终于能游动身体了，可没过几天，它发现自己仍然游不了几下就能碰到内壁。当它碰到内壁的时候，又会心情不爽。它实在讨厌极了这种转圈圈的生活，索性悬浮在水中，一动不动，也不进食，一心求死。

女孩看到小鱼这个样子心里非常着急，虽然她舍不得自己的小伙伴，但为了小鱼的生命，她还是决定把它放回了大海。小鱼被放入海水中，在海中不停地游着，可心中依然快乐不起来。一天，它游着游着碰到了另外一条鱼，那条鱼问它："你看起来闷闷不乐的样子，难道在这无边无际的大海里生活不够自由吗?"它叹了口气说："唉！这个鱼缸太大了，我怎么也游不到边上了!"

有些人的惆怅是对自己的现状产生轻微的反感，有些人的惆怅会上升到对周围环境极端的厌恶。就像故事中的小鱼，它把不开心、不快乐当作一种常态，整天向往更广阔的空间，有一天这空间给它了，它却仍然沉浸在旧日的情绪里，连打量环境的心思都没有。像这样的人，就算再改变，就算给了他最快的一队队伍，他也不会开怀。

有时候，惆怅最大的问题不是自我迷失，实际上惆怅的人明白自己想要的是什么，他们真正的问题是自我限定，他们抗拒某种生活，却根本不能习惯别样的生活，真给他们换个工作，换个家庭，换个能力，他们反倒更觉得郁闷，还不如以前自在。人们常说惆怅不是什么大事，就是因为惆怅的人并不希望改变，他们只是太习惯于自找没趣。

这样分析下来，是不是觉得很多时候，惆怅其实是一种无聊的情绪？人生的确有很多事值得惆怅，那些让人惋惜的往事，那些没能留住的人，每当想起，总会不自觉地叹息。但是，不要把这种叹息当作习惯，既然已经事事不如意，什么都留不住，你应该以更加明朗的目光看待现在的生活。惆怅应该有一个指向，对着那些无法更改的往事，而不是时时对应你现在的生活，否则，即使命运给你再多的东西，也会在你的叹息中迅速溜走，最后让你更加惆怅。

## *03* 有阳光的地方，就有温暖

若是你发现面前一片阴暗，那是你不小心背对了太阳。

悲观和乐观，是一个角度问题。同样一件事，往好的方面想，就会看到希望，由此想到可能的解决办法；往坏的方面想，就会越想越严重，事情也变得越加不可收拾。为什么我们总是听人劝说“凡事要乐观一点”？因为天冷的时候，只有向有阳光的地方走，才会有温暖。

有一个年轻女孩，她患上了严重的强迫症，每一天，她都感到无比苦闷，却没有任何解决办法。苦闷从每天早上开始，一睁眼，她就要反复盯着闹钟看，然后又找手机和外面的钟表核对，确定自己的时间是正确的。

一日三餐，在吃完饭洗碗的时候，她总是觉得碗不够干净，怕碗边残留洗洁精，因为新闻上说残留的化学物质会危害身体健康，所以她总是重复好几遍，洗了又洗。

晚上睡觉的时候，她都会起床好几遍，检查门窗是否上了锁，因为她担心会有人入室抢劫，如果没有锁门，那么她的生命和财产就会受到威胁。

每次出门的时候，她都要检查好几遍是否带了家里的钥匙，因为如果忘记带钥匙就进不了家门，就要找开锁公司，甚至会让她在外面浪费很多的时间。

到了公司，她又要检查好几遍工作，即使是做过的事情还要重复，因为担心会出一点问题……

在他人的眼中，她神经质，异常忧虑，晚上时常失眠，因为会想到工作，想到门窗……

终于有一天，女孩感到自己快要崩溃了，她非常痛苦，却不知道应该怎么治疗。最后她在朋友的介绍之下找了心理医生进行心理治疗。心理医生通过对她催眠治好了她的强迫症。原来，她的忧虑并非是空穴来风：

在她5岁的时候，曾经因为没有听家人的话，不讲卫生乱吃东西而得了胃炎，那种疼痛让她记忆深刻；

在她10岁的时候，因为出门没有带钥匙而在家门口坐到半夜，才等到家长回来；

11岁那年，她因为迟到错过了一场数学比赛，失去了保送重点中学的机会；

12岁那一年她自己在家，忘记了锁门，于是遭遇了入室抢劫……

因为这些过往，都成为了伤疤留在她的心中。经过医生的反复开导，加上药物治疗，女孩才渐渐放下了这些过往，开始了新的人生。

每一颗心都有“过冬”的经历，那个时期万物萧条，天空是灰的，不是下雨就是飘着冰冷的雪花，心情总是阴郁的，说不清的愁思徘徊在心里，难以纾解，严重的时候，就会患上强迫症、抑郁症、狂躁症等心理疾病。不是人们愿意生病，而是心灵的寒冷让他们无法继续忍受，只能通过病态的行为变相缓解这种寒冷。这样的人，自然体会不到幸福。

还有一部分现代人，越来越喜欢在家里“宅”着，他们不想与真实的人交往，宁愿在网络上与网友倾诉衷肠；他们不喜欢流汗的活动，宁愿在家听听音乐看看书，以为自己在修身养性……其实他们也很孤独，他们对人群有一种排斥甚至恐惧，他们拥有学历，拥有工作，拥有健康的身体，但他们依然是惆怅的，因为始终生活在这见方天地中。

抑郁也好，孤独也好，强迫症也好，都是心灵对你的呼救，说明你的心在某个方面钻进了死胡同，急需你看开一些，深思一些，摆脱一些不必要的困扰，改变你现在的生活方式，让自己能够更健康、更开朗，这样才能寻找到更多的快乐。

凡事想得开看得开，是快乐的诀窍。惆怅不是不可以，但不要太长久，这种滋味你已经体会了，去尝试更多，试试其他滋味，即使那打破了你现有的世界，即使对你来说有些困难，但你接触的人越多，接触的事物越多，你就会在其中学到很多学问，也会在人与人的相处中变得成熟，体会到人与人之间相处时那种复杂却也温暖的感觉。

当然，痛苦总是与幸福成对出现，谁都有痛苦的经历，而真正战胜痛苦的人，不会整天叫嚷命运不公，不会为已经发生的事过分惆怅，因为他们知道再多的抱怨也不能改变自己的处境，再多的叹息也于事无补，只有自己才能救自己。只有心中的幸福感压倒痛苦，你才是幸福的人，才能焕发自己的光芒，而不是依靠他人取暖生活。

冷的时候，要懂得自己去接近阳光，让身体和心灵暖起来。出门走走，别宅在家里发霉。骤雨过后，天空就会格外晴朗，有时候还会出现美丽的彩虹，点缀如梦的风景。就像人生之中，痛苦总是不可避免，但痛苦之后站起来的人，总会得到更多的阅历、更高的智慧。每一次磨难过后，战胜它的人总能得到褒奖。

## *04* 保持本色，坚持自我

有自信的人，才更容易成功。

一位社会学家曾说，现代人最大的问题是无法保持自我，他们总因为各种各样的原因活在别人眼光中，变得畏首畏尾，把真实的自我压抑起来。所以，他们无法过真实的人生，也不会懂得什么是真正的幸福，他们，是经常叹气的一群人。

一个中年人最近遭遇“中年危机”，常常觉得做什么都提不起劲。他找到一位有智慧的哲学家，诉说自己的生活，他有些无奈地说：“其实，我的一切都很好，我毕业于名牌大学最好的专业，做着一份人人羡慕的工作，娶了一位贤惠的妻子，还有一个可爱的孩子。”

“原来如此。”哲学家说，“那么请你告诉我，你的薪水都花在哪些方面?”

“我的薪水？我的薪水要养家，给妻子买各种衣物，支付孩子的教育费用，孝顺父母，其余的存起来以备不时之需。”

“那么再告诉我，你休息的时候做什么?”哲学家又问。

“休息的时候我会陪妻子逛街，每周都要回一次父母家，平时休息的时候督促孩子学习。”男人回答。

“告诉我，你的人生有没有什么特别得意的事？比如考上名牌大学？娶了一个贤惠妻子?”哲学家问。

“不，这并不算什么得意的事。大学是爸爸喜欢的大学，妻子是妈妈挑的女孩，当然，他们的眼光很好，我也很满意。”男人回答。

“我已经知道你的问题了。”哲学家说，“你是个好儿子、好老公、好爸爸，应该也是个好员工、好邻居、好长辈，但是，你却没有做好你自己，在你的生活中，根本没有自己!”

有时候看到那些活得很好的人以惆怅的口吻说起自己的生活，我们不禁觉得生气：“这不是炫耀吗?”但是联想到自己，又不得不承认生活的冷暖，不是外人所能揣测的，别人惆怅自然有他的道理。就像故事中的男人，他的生活样样“好”，只有自己不好，因为他根本没有为自己争取过什么，他并没有活出自我。

“活出自我”，这是我们常常听到的口号。我们很难说清什么是自我，难道是想做什么就做什么、想说什么就说什么？这似乎有点不为别人考虑。绝不更改自己的个性，将自己的每一个主张坚持到底？这似乎有些固执。努力建立自己的事业，经营自己的生活？这似乎是每个人都在做的，实在说不上有什么特色……

“自我”这个话题，不知有多少哲学家论述过、争辩过，但人们依然说不出个所以然。因为自我不能脱离社会，若要适应人群，就要打磨自我，隐藏自我。生活应该是自己的，又不光是自己的，所以，想要寻找自我，首先要找到一个灵魂与生活的平衡点，这就是：你究竟想要什么样的自己，什么样的生活？

胖人困难多，李太太从小身材就很胖，脸看起来更是胖。她的母亲是个古板的人，总觉得胖胖的她没有必要穿漂亮衣服，从小就让她穿宽衣，说什么窄衣易破。长期以来，李太太不敢买漂亮的衣物，总是买一些又宽又大又老土的衣服。她很少交朋友，也不喜欢出去玩，她觉得自己是附近最不受欢迎的人，充满自卑。

结婚后，李太太没有太大的改变。她的丈夫和婆婆为人和善，自信开朗，是她希望成为的那种人。有时，她也努力想让自己和大家融为一体，可却办不到。为了让她变得开朗一些，婆婆和丈夫也想办法帮忙，结果却让李太太更想缩回到自己的世界里去。她变得更加紧张，回避所有的朋友，甚至听到有人按门铃就害怕。她知道这样的人生很失败，也担心丈夫发现这一点。在公共场合，她强颜欢笑，好几次都让大家为她的假装开心感到尴尬。这样的状态让她很困惑，她甚至想过自杀。

后来，婆婆无意间的一句话，让李太太彻底改变了。那日，婆婆与邻居的太太谈到教育孩子的问题。她说：“不管怎样，我都让他们保持自己的本色。”保持本色，这几个字让李太太如梦初醒。她所有的痛苦，不正是没有保持本色，让自己去适应一个并不适合自己的模式吗？

李太太决定恢复自我。她研究自己的个性、特色、优点，研究色彩与服饰的搭配，按照适合自己的方式穿衣打扮，结交朋友，参加社团组织。尽管社团的人数很少，可那毕竟是她开始融入集体的第一步。初次参加社团活动的她很担心，可之后每发一次言，她的信心就增加一分。尽管花费的时间颇久，可她很开心，这些开心是她从未有过的。

后来，李太太在教育自己的孩子时，也将自己的经历和经验告诉他们："不管怎样，你们都要活出自我。"

每个人都应该确定自我的意义，寻找自我才能保持本色。就像故事中的李太太，她并没有过人的资质，她的前半生毫无"自我"可言，但就是这样一个人，也能一步步走出对人生境遇的惆怅，开始研究自己、充实自己，最后告别旧日的阴霾，这就是成功。

学会审视自我，是保持本色的第一步。问问自己的灵魂，究竟满不满意此时的自己，究竟想不想要这样的生活，别人认为好的，自己就一定喜欢吗？保持自己对生活的判断，对事物的喜好，敢于说出自我的见解，就是从根本上建立了自我。当你想要唯唯诺诺时，一定要问一问："我是谁？我想不想这样做？"首先做好自己，才有勇气面对生活。

学会完善自我，是保持本色和超越自我的必要步骤。当你发现现状让你不满，而且这种不满不是无病呻吟，的的确确让你长久不开心，让你根本不想再继续这样的日子，那么赶快改变吧，趁你还有青春，趁你还有激情，去做那些你一直想做却又认为不适合自己的事，以宽容的心态面对自己的笨拙和失败，每一次尝试，你都在向真实的自我迈进。

什么是自我？什么是本色？就是坚持自己内心的选择，坚持过自己想要的生活。因为付出了绝对的努力，得到了满意的结果，这个时候，就再也不会为生活惆怅，而是觉得自己每一天都走在灿烂的阳光下，每一个笑容都有夺目的七彩。

## 05 完美主义，其实并不完美

苛求完美是一种心病。

“我做得还不够。”“我还差得很远。”“我为什么不能像××做得一样好。”“不论怎么努力，也达不到想要的目标。”……在生活中，有这样一类人，他在很多方面都达到了九十五分，甚至九十八分，但他永远跟别人说：“我不够好。”他不是在谦虚，而是真的沉浸在失败的沮丧与惆怅中。你是不是也有过类似的经历呢？这说明你陷入了“完美主义”的陷阱。

立从小就立志做一个“完美先生”，因为他从小就在完美的环境下长大，父母是大学教授，亲戚们的家庭都不错，表哥表姐们个个考入名校。在这样的压力下长大，周围人对他的期望都很高，他自己也有很大的压力。生怕一件事做不好，就会被笑话。

因为追求“最好”，立觉得自己错过了不少东西。高考的时候，他明明有更喜欢的专业，但因为建筑专业是报考学校的王牌专业，他还是报了建筑专业；大学时候想谈恋爱，他喜欢的女孩却没有什么特点，既不美丽也不出色，他觉得这样的女孩不符合自己对未来妻子的要求，所以干脆沉迷于书本，没有放手追求。他始终希望自己人生中的一切十全十美，所以不停地错过那些自己认为“很美”的东西。

一转眼他得到了一份人人羡慕的工作，从人品到性格再到能力，人们觉得他简直无可挑剔，但只有他自己知道，每天维持着一张完美的笑脸是多么劳累，做着自己不喜欢的工作是多么索然无趣。现在，相亲问题又摆在眼前，有不少符合他条件的女孩对他表示好感，但他想到大学时那个平凡的女孩，顿时觉得再好的女人都不能让他提起兴趣……

完美，一个吸引人的词语，每个人心目中都有一个完美的形象：出色的容貌，优雅的谈吐，从容的风度，高超的能力，临危不乱的镇定……每个人都希望这个形象属于自己，划掉那些不可能实现的先天条件，人们每天都在努力接近那个理想的自己。

可是，事事岂能尽如人意？不是有追求就有收获，让我们惆怅的，并不是失败，而是那些不完美的成功，它们明明应该是喜悦的花朵，却让人觉得结出的果实一定是涩的，或者索然无味。如果连成功都无法让你快乐，连获得都无法让你满意，那么除了惆怅，你没有其他事可做，也没有其他事适合你。

人为什么会追求完美？因为无法接受自己的不完美，特别是看到有人做什么都很完美的情况下，这种类比更让自己难过。但是，“完美主义”其实并不是一种健康的生活方式，它处处包含着对自我、对生活的否定，它是一种极端的思维方式，不是“没有最好，只有更好”的上进，而是“只有最好，没有好”的偏激，换言之，它在表面上带来的可能是人们对更高层次的追求，实际上却给现实生活带来一道阴影，让我们对什么都不满意。

在美国，学校有专门的厨艺课，笨手笨脚的珍妮最怕上这种课，不论做蛋糕还是烤饼干，她不是弄错奶油和面粉的比例，就是掌握不好火候。眼看着别的同学把烤好的点心用漂亮的袋子包起来，拿回家送给妈妈，她只能对着一堆焦黑的面团发呆。

其实，珍妮是个品学兼优的好学生，只有在厨艺上，她才是个小白痴。老师要求父母要写上对食物的评价，珍妮只好把那些黑乎乎的饼干包起来拿回家。父亲和母亲一边吃一边说：“虽然有点糊，但有你自己的味道。”还在意见簿上写上“完美”的评语。

转眼到了高中，情人节的时候，女孩子们流行亲手做巧克力送给男朋友，珍妮也想做巧克力送给男朋友马修。经过一整天的“奋战”，奇形怪状、颜色可疑的巧克力诞生了。珍妮不知该不该将它送出去，却被来做客的马修一把抢过去吞进肚子，说：“这味道，完美!”

十年后，珍妮和马修组建了家庭，有了自己的小孩。珍妮偶尔给孩子做饭，每一次，孩子都会说：“妈妈做的饭真完美!”珍妮对马修说：“为什么你们都这么说？那明明是糊的、焦的。”马修笑着说：“因为有你的味道，所以让人觉得很完美，你不觉得吗?”想一想自己的用心和努力，珍妮释然地笑了，也许，这才是真正的完美。

珍妮是个幸福的姑娘，她身边有一群宽容可爱的家人，自己也有一份不强求的心态。因为不去强求完美，她的心中便不会有阴影的存在，做好了就是做好了，做不好也没什么大不了，根本不值得惆怅。关键是这件事上有了她的努力、她的烙印。因为有了这份对生活的积极，一切的不完美，在他人眼里都很完美。

还有人总是想追求“十全十美”，这样的人当然不是没有，但要所有的能力都达到顶尖，就像一棵树所有的枝条都一样长短、一样粗细，从概率上来说太少太少。何况，这样的树看着不像树，这样的人看着让人不敢接近，因为一切都做到完美，反倒失去了自己的特点。还不如展现自己本色的一面，这样至少真实可爱。

做人就应该有这种阳光心态，对己对人，都不必奢求，只要把你的要求维持在正常水平，或者更多地看到优点，忽略缺点，你就会发现，生活中完美的事物其实比不完美的事物多。所谓的完美，就是“刚刚好”、“正合适”，而不是“最好”、“分毫不差”。强迫自己是一件很累的事，让自己舒展一点，让长处短处顺其自然，心中就始终会有对自己的欣赏。

## *06* 带着你的智慧，方向不迷失

你的本心，你的智慧，你的能力，一直都存在。

我们常常觉得自己在过一种“漂移”的生活，随波逐流，没有方向。

失败的时候其实并不明显，得不到成绩时才会分外惆怅，我们不知道下一秒生活会有什么变化，既痛恨它没有任何变化，又害怕它马上变化，这种矛盾的心态，让我们惆怅不已。

之所以会有这种心态，是因为我们对自己缺少强大的自信，相信不论什么时候，不论发生什么事，自己都可以面对，都可以战胜困难，即使到一个陌生环境中，我们也可以迅速成长。

有位高僧被寺庙上下的人敬重，大家都说他是一个极有智慧的人。一个偶然的机会，有个小和尚发现这位高僧读经书的时候，必须有个小和尚在旁边一字一句地读给他。小和尚问别人：“大师眼睛不好吗？为什么要别人

读?”有人回答：“因为他不认识字。”

一个高僧竟然连字都不认识，小和尚不由心生轻视。他气性高，有一次被高僧批评，他顶撞道：“你连字都不识，怎么能称为高僧呢？你哪有什么智慧!”

高僧微微一笑，抬起手指指向窗外的月亮问：“你看到那个月亮了吗?”

小和尚仰起头说：“看到了!”

高僧放下手指，又问：“没有我的手指，现在你看得到月亮吗?”

“当然看得到!”小和尚说。

高僧说：“智慧就像这轮月亮，我们可以借助别人的手指看到它，也可以自己看到它。”

有时候人们惆怅的内容并不是琐碎的小事，而是关于人生的大问题，人们觉得自己缺少一双慧眼，缺少他人丰富的经验，缺少随机应变的能力和处世的智慧。其实，有时候智慧就在生活之中，就像一个目不识丁的禅师，可以通过自己的观察发现天地间的智慧。

生活需要智慧，生活更需要发现，如果你看到的生活仅仅是一种表面现象，你需要想得深一点，琢磨得透彻一点。你想得越多，你越不会为小事钻牛角尖，越能够体谅自己和他人，也越会分析事物的前因后果。这种智慧正是我们心灵的根本，它可以引导我们走向成功，引导我们告别惆怅，也可以引导我们修身养性，志存高远。

惆怅的时候，不妨更深入地挖掘生活，寻找我们的“根”，包括关于生命的种种智慧，包括我们的潜力和能力，包括我们真正的性灵。其实人们惆怅，不过是因为看不清自己，也看不清世界，而找到你的“根”，你就能顺着它发现自我，也能藉由自我感受世界、认识世界，这才是真正的领悟，胜过任何书本或他人教给你的知识。

一个少年喜欢弹琴，想成为一名音乐家；另一个少年爱好绘画，想成为一名美术家。然而，他们都突然经历了一场灾难。结果，想当音乐家的少年，再也无法听见任何声音；想当美术家的少年，再也无法看到这个五彩缤纷的世界。两个少年非常伤心，痛哭流涕，埋怨命运的不公。

这时，一位老人知道了他们的遭遇和怨恨。老人对耳聋的少年用手语比画着说：“你的耳朵虽然坏了，但眼睛还是明亮的，为什么不改学绘画呢?”然后，他又对失明的少年说：“你的眼睛尽管坏了，但耳朵还是灵敏的，为什么不改学弹琴呢?”两个少年听了心里一亮。

他们从此不再埋怨命运的不公，开始了新的追求。改学绘画的少年发现耳聋了可以使自己避免一切喧嚣的干扰，使精力高度专注。改学弹琴的少年慢慢地发现失明反而能够免除许多无谓的烦恼，使心思无比集中。后来，耳聋的少年成了美术家，名扬四海；失明的少年终于成为音乐家，饮誉天下。

他们相约去拜见并感谢那位老人。老人笑着说：“不用谢我，该感谢你们自己的努力。事实证明，当命运堵塞了一条道路的时候，它常常会留下另一条道路!”

当一条路走到尽头，碰到现实的墙壁，我们都会不知所措。这时候，不要悲哀，也不要放弃，要知道，你的本心，你的智慧，你的能力，一直都存在，这就是你的根本。它让你像一粒种子，遇到合适的土壤就能开花。

比起为现状惆怅，将来的路更重要。在决定之前，你没有时间浪费，每一种危机都有相应的应对措施，有些人能够当机立断，因为他们懂得认清现实，懂得权衡利弊；有些人始终优柔寡断，因为他们太过留恋过去，害怕将来，他们的情绪始终是不定的，就在他们犹疑时，时光飞快地过去，机遇飞快地溜走，本来在你手中的种子，不知何时掉落，就连土中的根须，也因为长久的僵硬而失去活力。

以宽广的心态看待生命中的惆怅吧，要么对自己的生活多一些满足和感恩，要么赶快改变自我，追求新的发展，千万不要在现实与理想间彷徨。一个理想的生命，应该始终充满阳光，即使在冬日，也有春天的气息。如果觉得自己不够优秀，就尽量把自己的根扎得更深一些，因为越是深厚的底蕴，越适合厚积薄发。你的一切努力都不会白费，等待你的会是充满鲜花与掌声的日子，到那时，你也许仍然会惆怅，就像人在高兴时，有时不是露出笑容，而是流下眼泪……

# 第十二章
# 你悲伤，是因为自己不够坚强

生活中没有一帆风顺，每一天我们都可能面临失去，面临伤感。悲伤的时候，我们要放宽心，认清生命的常态正是有得有失，周而复始。在现实面前，我们要学会勇敢面对。

## *01* 要行万里路，就要迎接风雨

生命之舟没有永远的避风港，要远行就要乘风破浪。

总有人把人生比作一次远航，从出生那一刻，生命之舟就漂向宽广的大海，迎接风浪，也享受探索与发现。在这个过程中，我们难免会遭遇悲伤的侵袭。悲伤给我们带来压抑、痛苦，让我们不知所措，甚至在心灵上刻下永远不能平复的伤痕……我们希望自己的生活没有悲伤，但悲伤的事随时都会发生，这足以让我们消沉失意。

在西班牙的巴塞罗那，有一家著名的造船厂。这家造船厂有个陈列室，

每一艘出厂的船都留有一个小型模型，摆放在这个陈列室。时至今日，这间陈列室已经拥有总数超过十万的船舶模型，记录了这家造船厂的辉煌。

每个游客都会走进这个陈列室，最初，他们想要看看那些千姿百态的船舶，看看船舶的演变历史，到了最后，他们却都为每个模型上镌刻的文字沉思不已。在这些船舶模型上，记载了每艘船出海后的命运，例如遭遇了多少风暴，撞过多少次冰川，经历了多少次海盗的洗劫，还有一些船因海难沉没……在这十万多艘船中，没有一艘没有受伤的经历……而这种伤疤，正是下次出航的提醒，让海员们永远不要大意。

**每一艘航行在大海里的船只，必然要经历风浪的颠簸，留下或大或小的损伤。如果船只本身有知觉，它也会为自己的伤口悲伤。**

人们都很佩服朱小姐的韧性。朱小姐是公司为数不多的女销售员之一，她的工作是拿着公司产品去相关机构推销。这种产品可不是小巧玲珑的化妆品，而是重达几十斤的器材，连大男人拎着都要皱起眉头，先谈好客户才拿产品过去演示，朱小姐却每天拎着它到处展示，为的是让客户实际了解产品的功效。

朱小姐说她这种要强的个性是小时候养成的。小时候，她也曾经是一个娇气的女生，被爷爷奶奶娇惯着，只要她装出要哭的样子，爷爷奶奶立刻就会拿出好吃的哄她，还会满足她的任何无理要求，她就像个小公主。可是，公主的日子在7岁的时候结束了。

7岁时，爸爸妈妈将她接到城里上小学。他们从不娇惯她，只要她做的事不合格，等待她的必然是责骂和罚站。不管她如何哭闹都没用。一次，爸爸教她骑自行车。她摔了一跤，说什么也不肯学。爸爸说："如果你不去学，就永远学不会。看你的样子，这辈子也学不会了，不如赶快把这辆车送人，免得我看着烦!”说完不再理会朱小姐，自己回了屋子。

朱小姐的好强劲一下子被激起，她在院子里一圈圈地骑车，膝盖和胳膊都跌破了也不休息，终于在夜幕将至的时候，能够稳稳地骑出院门，上坡下坡都没有问题。从此，她这种个性一发而不可收，不管遇到什么，只要有人说她“不行”，她做什么事都不成功，她都不会沮丧，而是攒足力气，发奋攻克目标。她觉得，这种性格，正是她成功的关键。

因为这世界有太多的风浪，未来有太多的艰辛，每个人必须学会呵护自己，才能够保证心灵的畅快。但是，“呵护”不是“宠溺”，千万不要溺爱自己，让自己变得越来越娇气，为自己的失败找借口，因为怕累、怕麻烦而企图不去接触困难。你今天宠了自己，明天现实就不会宠你，你越是怕受伤害，伤害越能给你带来致命打击。

就拿教育孩子来说，最好的教子方法不是为孩子铺一条康庄大道，从来不让他受委屈；而是从小就告诉他路必须自己走，看着他跌倒，鼓励他原地爬起。对他人的爱、对自己的爱有很多种表达方式，千万不要以为那些惯坏自己的人最爱自己，他们恰恰害了你。

对自己，我们应该宽容，但不是要原谅自己每一次懒惰、每一次错误。宽容也需要原则，宽容更需要远见，一个想要行万里路的人以博大的胸怀接受现实，迎接风雨，不应该因一时的悲伤娇惯自己，让自己变得越来越脆弱。宽心始终要有一个方向，朝着更好的积极的未来努力，它的核心，是对人对事的一种达观与坚强，正视困难，将困难打倒，而不是承认困难之后落荒而逃，一辈子躲得远远的。

## 02 量力而行，不要对自己要求太高

成功的前提，是让梦想贴近现实。

小的时候，每个人都曾在作文本上洋洋洒洒地写过《我的理想》；长大后，理想与现实的差距常常让人们感到悲伤。总是沉浸在不切实际的目标中，为必然的失败悲哀，不如重新审视、定位自己，对生活不那么一厢情愿，生活才会给你丰厚的回报。

招聘会上，人事部的经理看着手中的简历，头也不抬地问面试者："我想知道，你想在我们公司得到什么样的职位?"

"我希望成为部门经理，这是我的目标!"求职者信心满满地说。

"请回家等通知。"人事部经理说了这么一句，示意他可以离开。

"我想请问经理，我到底哪方面让您不满意。"求职者大胆地问，"我有这方面的工作经历，我相信自己能够胜任，而且拿破仑曾说：'不想做将军的士兵不是好士兵'，一个人对自己有更高的目标，说明他有雄心，更能在自己的岗位创造价值，贵公司究竟需要一个什么样的人呢？请告诉我。"

经理抬起头，平静地说："我们公司需要一个认真负责的普通职员，但今天我面试了几十个人，他们都和你一样，想要成为经理。"

究竟是期望过高，还是心性过高？我们总是追求那些与自己能力并不相

符的事。或者，我们觉得能力与实际相符，忽略了自己有那么多的竞争者，他们每一个都不比自己差，自己显然无法鹤立鸡群，这个时候，自信是不是太过盲目？

有时候我们的自信是被逼的，而不是自愿的。因为一旦目标太低，就会担心自己丧失动力，还会担心别人的嘲笑。有时候苛求让我们丧失了冷静的眼光和理智的头脑，变得再也不能看清自己，他人客套的夸奖，更让我们飘飘然，忘记自己是谁，最后，理想和现实的差距明明白白摆在面前，难怪我们会受伤。

有句古语说：没有金刚钻，不揽瓷器活。每个人都应该正视自己，即使你对未来有高标准安排，不代表你现在已经具备这种能力，你应该“严要求”自己的努力程度，而不是要求立竿见影，马上就做出成绩扬眉吐气。那不符合事物的发展规律，也恰恰证明你不够成熟，对人生的看法太简单，对生活的认识太粗浅。

去年，春来失业了，他希望找到一个好工作，但工作难找，在人才市场上流连大半年，却没有任何收获。他的父亲问他：“难道真的没有人雇用你吗？”春来说：“也不是没有，最近就有一家公司通知我去上班，是月薪1200元的超市理货工，我以前做的是月薪3500元的工作，怎么能越活越回去呢？”

父亲没说什么，第二天说：“你在家也是待着，我刚收了一车茄子，陪我去市场卖了吧。”父子俩拉着车到了市场，已经有很多卖茄子的，都是一块二一斤，春来问：“我们卖多少钱？”父亲说：“两块钱。”春来以为这种“高价政策”会得到顾客们的惠顾，以为这里卖得更好，实际上，别人一听价格转头就走。春来不禁说：“爸，价格是不是高了？”父亲说：“不行，就卖两块！”

接近中午，卖茄子的人更多，茄子已经降到了一斤八毛钱，春来说：

“爸，咱们再不降价，肯定卖不出去，降价吧。”父亲横了他一眼说：“不降，就卖两块。”

傍晚的时候，其他卖茄子的人基本都卖光了，开始甩卖，五毛一斤处理尾货。春来说：“爸，还不卖啊？等会儿连买的人都没了？”父亲点点头说：“说的也是，卖了吧。”好不容易来了个顾客，花十几块钱弄走了一车茄子。

回家路上，春来一个劲抱怨父亲不肯降价，错过了好机会。父亲说：“你说得不是挺明白的？货物的价格必须跟着市场走，那你找工作为什么不跟着求职市场的趋势走？”春来恍然大悟。第二天，他当了某超市的理货工，月薪1200元。

一旦对生活有太多奢望，就会充满失望。不论你的车子上装了什么货物，不论你对自己有什么样的期许，人生的市场上，我们只能随行就市，而不是孤芳自赏，等待整个大市场来迁就你，说穿了，你还没有这个价值，等你真的到了某个领域的顶峰，不用你拉车，别人就会在你的门前排队等候，这就是现实。

人应该追求什么样的目标？不要只盯着那些所有人都在盯着的辉煌目标，也不要总想着目标有多大价值再决定去付出，要抓紧最现实、最容易实现的那个。如果你是一个谐星，就在喜剧舞台发挥自己的光彩，不要想着当一个歌唱家。与其好高骛远，不如实实在在做好手边的事、今天的事。

学会选择适当的目标，是对现实妥协，也是因为心中装了更大的算盘，不在乎退让一步，为自己多一点空间，让自己能够更轻松。要时刻告诉自己，未来的路还长，把计划定得久一点，没有什么大不了。不是所有人都能“成名趁早”，但至少每个人都能调控自己的人生，把一生的每个阶段都填充得丰富，让自己人生的每一个阶段都有满足。

## 03 越掩饰什么，越为什么自卑

悲伤来临时，不必掩饰，越掩饰，越伤悲。

在人群中，有一类人终日与悲伤相伴，他们的一言一行都摆脱不了悲伤的影子，他们就是自卑的人。自卑的人有一个特点，他们非常喜欢逃避，根本不敢面对现实。不论是自身不如意的条件，还是不堪回首的过去，或是让自己抬不起头的失败，他们都希望根本没有发生，不希望人提起，于是，他们总是逃避人群，逃避机会……

董先生最怕别人问起自己的婚姻，那是他的软肋，也是他不堪回首的回忆。他今年才31岁，却已经有3次不幸的婚姻。第一次妻子有外遇，抛弃了他；第二次妻子是个女强人，为了事业去了国外，与他离婚；第三次他找了个二婚的女人，但她仍旧觉得前夫更好，选择和对方再续前缘。

董先生也曾检讨过自己，认为一定是自己做了什么让对方不满的事，自己的性格中有什么缺陷，才让三任妻子都离开自己。但是，他始终找不准这个“不满”、“缺陷”，他开始疑神疑鬼，总觉得自己的行为惹人厌倦。

公司里的人听说他单身，总有人想要介绍他去相亲，但他一想到接受对方的安排，就要把从前的事和盘托出，他就觉得一阵恐慌：不知道别人会怎么看自己，传到同事耳朵里，也会成为他们的谈资。所以每当有人好心给他介绍对象的时候，他都推三阻四，渐渐地，没有人再给他介绍对象，大家私下里说：“他不会有什么毛病吧?”

这种结果，董先生始料未及，但这个时候，他更无法解释。于是，婚姻问题成了他更深的隐痛，他不知道如何才能摆脱这种无能为力……

每个人都有不愿意让别人看到的伤疤，偏偏世人大多喜欢窥私，想要窥探别人的秘密。你越是掩饰，人们的好奇心越浓，甚至他们可能一开始并不当一回事，是你的态度激起了他们的兴趣。如果窥探不成，他们就会产生各种各样的猜测，让你更加恼怒。你鄙视这些闲人，但世上到处都有这种闲人，你有什么办法?

所以不要试图掩盖什么，即使事实令你难堪，令你悲伤，事实就是事实，不容更改，你越是解释，越有人拿出来嘲笑你。甚至会有人故意提醒你，想要看你失态。不如把事实不卑不亢地摆出来，任由别人评论。刚开始，人们也许会嘲笑，时间一长，发现你事实上如此，人们不禁会对你这种豁达与潇洒肃然起敬，自愧弗如。

伤痕给自己带来的不止是悲伤，还有或隐或现的自卑情绪。这个时候更要以宽容的心态放过自己，何况你的伤痕不止你一个人看到，有人安慰你，就会有人幸灾乐祸，不要让你的伤痕在伤害你的同时进一步蔓延，让你越来越悲伤。

上课前5分钟，阶梯教室坐满了人，这是一门校级选修课，口碑不错，所以选课的人也爆满。学生们好奇地猜测老师是个什么样的人。这时，门前出现一个矮小的中年男人，右边的袖管空空荡荡，面带微笑地走上讲台。

教室里的学生都安静了，所有人都盯住那空荡的袖管。中年人似乎早就习以为常，没事人一样和大家打着招呼，做自我介绍，一边用左手支起幻灯片器材，神色轻松地对学生们说：“咳，我只有一只手，动作肯定要慢上一半，只好麻烦你们等一等。”整个授课过程，他神态安详，侃侃而谈，不时穿插着幽默的见解，让学生们捧腹大笑。

下课后，学生们议论纷纷，他们说，难怪这门课的口碑这样好，师兄师姐们对这个老师评价如此高，原来他不但学识渊博，更重要的是，他传达的那种积极自信的生活态度，实在让人激赏不已。

人们最佩服的是什么样的人？未必是那些建立丰功伟业的名人，相反，那些坚强面对生活的普通人，更能引起我们的共鸣。名人的生活离我们毕竟太远，我们也没有那份能力去叱咤风云，但是，看到和自己一样的人面对苦难时露出微笑，我们的灵魂会受到不小的冲击，开始反省自己、激励自己。

有一首简单的现代诗，说的是一个小女孩看到街上琳琅满目的漂亮鞋子，觉得自己没有这么多鞋子很不幸，哭了出来。突然，她看到一个失去双脚的人。当我们沉湎于悲伤时，应该想想有人比你承受了更多，他们却能够坚强面对，如果你愿意多这样想想，对生活，对自己，你会有更深的理解，你的心胸会变得宽广，不再和那些成败得失较真。

当悲伤来临的时候，不必去掩饰什么，也不要去抱怨什么，我们唯一能做的，是让自己坚强一点，不被悲伤击垮，再以这样的态度面对他人，面对世界。只要坚持这样做下去，你不但会为自己增添骨气和魄力，也会成为别人的力量源泉，让他们看到榜样和希望。

## 04 锦素流年，任悲伤如水而逝

用一束阳光，将自己的悲伤照亮。

每个人都有处理伤口的经验，小伤口消毒涂药，大伤口缝合打针，留下伤疤的有待时间抚平。有一种人喜欢“自虐”，他们对待伤口的方法如下：整天对着那伤口研究来研究去，研究自己为什么会受伤，即使治疗好了，也要在尚未痊愈的时候挑开纱布继续研究，于是，伤口永远没有好的那天，疼痛也一直存在。

街口有一家礼品店，生意一向不错，老板有艺术眼光，进的货精致，价格还很公道。有一天，一位年轻人气冲冲地走进礼品店，对着琳琅满目的饰品左挑右选，最终他的视线定格在一只精美的水晶乌龟上面。他问店主这只水晶龟要卖多少钱，礼品并不便宜，但是他却毫不犹豫地掏钱买下了这件礼品。

店主是个有点胖的中年人，性格很好，他一边包装礼品，一边询问这位年轻人为什么要买这个礼物。年轻人一边端详着水晶龟，一边说这是要送给自己从前的女朋友，她要结婚了，但她在和自己恋爱的时候脚踏两只船，最后抛弃了自己。他就是要送一只乌龟，一来自嘲，二来羞辱对方。店主觉得如果这样的礼物送到新娘的手中，一定会出问题，于是他告知年轻人，礼品的包装可能比较久，要年轻人第二天来取。

第二天，这个年轻人应约来到了礼品店，取了包在精美盒子里的礼物就匆匆离开了。到了礼堂之后，年轻人反而没有了伤感，也没有了痛恨，他只是慌慌张张地将礼品交给了面露愧色的新娘，然后匆匆离去。

回到家中，他并未感到报复的喜悦，反而有些后悔。虽然女友背叛了自己，嫁给了别人，让自己受了很严重的伤，但是那些已成为过去，现在他反而悔恨自己的这种冲动的行为。为了避开心中担心的种种情况，他离开了家乡，去外面的大城市打工。

多年后当他再次踏上故土的时候，见到了自己的前女友和她的老公，却没有预想当中的不快。前女友友好地请他吃饭，对当年他的宽容表示感谢。他十分不解，后来才知道，店主并没有依言将水晶龟包起来，而是替换成了一对唯美的水晶天鹅。

看着前女友感动的神情，他想起这些年他早已淡忘失恋和背叛的伤痛，他只是悔恨当时送出的水晶龟，没想到一切都和自己想的不一样。年轻人去了礼品店，说明了事情的原委并感谢店主当时的帮助。店主只是笑着说："年轻人，只有傻瓜才会为过去的伤口纠结。过去的，你就让它过去吧。那个伤口迟迟不能愈合是因为你总是去翻开来看。总有一天你回过头来看仍会流泪，但不是因为难过，而是因为释然。"

人生在世，悲伤的事常常发生，就像你突然被蛇咬了一口，你是该打死那条蛇，为自己报仇？痛骂那条蛇，说它没事找事？是该询问自己为什么被咬？是该解释自己不应该有这种遭遇？都不对，你要做的第一件事是赶快治疗你的伤口，而不是去管那条蛇。

故事中的年轻人显然不明白这个道理，面对女友的背叛，他想到的是羞辱对方。幸好善解人意的店主及时察觉了情况，没有让这个想法实现。多年以后，当年轻人再次回想，他会明白一次报复不如一句祝福，与其让自己在悔恨懊恼中煎熬，不如干脆地放开手。

想要放得开，先要看得开，要明白世事不能完全合乎你的心意，你爱的人可能不爱你，你追求的事物可能不属于你，你拥有的可能会失去……这就是人生。看不开的人总在作茧自缚，追忆着曾经的美好，其实那个“曾经”，只是经过了记忆的美化，实际情况并没有那样理想，但他们需要这样一个假象逃避现实。

看不开的人特别容易对现实失望，因为一次打击，他们会变得不相信努力，不相信感情，不相信未来……似乎一次打击就判定了终生，让他们再也不愿看看那些更美好的事物，只一味地认为自己看透人世。这种“看透”，恰恰是不够透彻，因为他们连自己的悲伤都不能越过，怎么能看到悲伤后面的东西？

对待悲伤，坚强才是我们最佳的态度。被人伤害也罢，被命运捉弄也罢，既然避无可避，那也只能坦然接受，至少会给自己留一个从容淡定的形象。而且，不要以为坚强是天生的，每个人都是在一次次假装从容中真的得到了启示，看透了悲伤不过是一时的失落，才真的学会在苦难面前淡然处之。

悲伤如流水，抽刀断水水更流，所以你只能在源头解决问题。这个源头就是我们的心灵，我们对待事物的心态。与其追逐着过去的伤悲，治疗过去的伤口，不如看开一点，赶快打点行装奔赴未来，人生有那么多东西值得我们去经历，更好的事物会在前方等待着你。

## 05 凡事都往好处想，别和自己过不去

**该来的来，该去的去，别总往自己的伤口上撒盐。**

尽管我们一再强调坚强，但人心不是铁石，面对不幸，我们纵然宽慰了自己，勇敢地站起来，但心中仍有担忧和恐慌，让我们不知道该如何走出下一步。真正的坚强应该与乐观相伴，人生短暂，凡事要往好处想，千万不要栽培伤口。

农民汉斯家里有一头能干的毛驴，为他家服务了一辈子，勤勤恳恳，吃苦耐劳，受到一家老小的喜爱。一天晚上，汉斯到处寻找自己家的老毛驴，这时他听到后院的枯井里传来一阵哀鸣，那头可怜的老毛驴竟然失足掉进了井里！汉斯想了各种办法试图要救它上来，这些办法都没有效果，想到为自己家操劳一辈子的老毛驴就要死在井里，他急得快哭了。

井里的毛驴此时心如土灰，它知道自己没办法爬上去，它也没有任何办法。这时，自己的主人拿了个铁锹，把土一锹锹铲进井里，老毛驴一阵伤感：主人救不了它，准备埋掉它。它看着脚下的土越来越高，想到自己就要死在这里，越来越悲哀。

看着那些土，它突然灵机一动，用蹄子踏了踏，随即它侧着身子，让更多的土落下来。最后，它踩着那些土，露出了头，被主人拉了上去！

在不幸中，往往有幸运的萌芽；在苦难中，智慧会悄然产生。故事里的驴子所经历的正是这些。对于不幸，别急着悲观，别忙着伤心，更别哭！因为一切不幸的经历都可能成为你的垫脚石，成为你应对未来麻烦的智慧。

很多人认为“不幸中蕴藏着幸运的因子”、“失败是成功之母”之类的话不过是失败者的自我安慰，为了给自己打气，不得不这样想、这样说。但想一想吧，古今中外那些成功的人，哪一个没有经历失败？哪一个又曾被悲伤打败？不要为挫折悲伤，每一次挫折都是财富。失败是成功之母，这不是因果，这是强者公认的事实。

但是，成功与失败之间毕竟有遥远的距离，想要实现这个转变，需要你有乐观的心态，能看淡眼前的失利，如此才能腾空大脑，想一想应对策略和将来的打算。要把乐观当作一种常态，遇事不要慌张，先往好的方面想，才能在危机中看到转机。

原一平是日本保险业泰斗级人物，他在27岁那一年，进入日本明治保险公司开始推销生涯。当时他很穷，连一顿饱饭都吃不起，每天晚上只能在公园过夜。有一天，他向公园里散步的一位老人推销保险。等他详细地说明之后，老人平静地说：“听完你的介绍之后，丝毫引不起我投保的意愿。”

原一平露出懊恼又不解的神色，老人注视原一平良久，接着又说：“人与人之间，像这样相对而坐的，一定要具备一种强烈地吸引对方的魅力，如果你做不到这一点，将来就没什么前途可言了。”原一平哑口无言，冷汗直流。老人又说：“年轻人，先努力改造自己吧！”

“改造自己？”

“是的，要改造自己首先必须认识自己，你知不知道自己的不足之处在哪里呢？”

老人又说："你在替别人考虑保险之前，必须先考虑自己、认识自己。"

"考虑自己？认识自己？"

"是的！赤裸裸地注视自己，毫无保留地彻底反省，然后才能发现自己的不足。"

原一平接受了老人的教诲，他策划了一个"批评原一平"的集会。集会的目的是让别人能坦率地批评自己，所以他确定了下列三项原则：一是集会要使人人都能畅所欲言，所以人数不能多，以五人为限。二是为了要让更多的人都有批评的机会，每次邀请的对象不能相同。三是既然是他主动邀请别人来的，别人就都是他的贵宾，一定要热诚地招待他们。

一切准备好之后，他立刻去拜访几个关系较好的投保户，他诚恳地对他们说："我才疏学浅，又没有上过大学，因此连如何反省都不会，所以我决定召开原一平批评会，恳请您抽空参加，对我的缺点加以指正。"这些人觉得这种性质的集会很有意思，都很痛快地答应了。

原一平把大家提出的宝贵意见都一一记下来，随时反省自己。随着批评会的定期举行，他发觉自己就像一条蚕正在"蜕变"。每一次的"批评会"，他都有被剥一层皮的感觉。经过一次又一次的"批评会"，他把身上一层又一层的劣根剥了下来。随着他把身上一层又一层的劣根剥了下来，他逐渐进步、成长。他把在"批评会"上获得的改进用在每天的推销工作中，业绩直线上升。

让我们深入思考一下，究竟是什么让我们不如意？工作不理想？人缘不好？感情不顺？家庭烦心？说到底，不是因为别人做了什么，而是我们自己不够优秀、不够有魅力，做得不够完美。如果我们自己做到了最好，即使真的失去什么，我们也可以问心无愧，也有资本遇到更好的，得到更好的，只有这样的人生状态才能让我们远离伤感。

真正聪明的人，凡事都会往好处想，但不是幻想，他们会拿出切实的行动，让一切变得更好。首先要彻底地改造自己，尊重别人的意见，知道自己的缺点。想要彻底告别悲伤，就要和昨天的自己说拜拜，真正地检讨分析，以期做得更好。

这个过程需要宽容的心态，别人说你两句你就开始摆脸子，从此谁也不敢批评你；别人说得一针见血让你没面子，嘴硬解释，反倒让说你的人尴尬；知道自己的真实形象，心里会有巨大的失落感，这时候需要你坚强地支撑住，相信一切都会变好。

每一份生活都有残缺，每一个人都会受伤，看开点，伤痕有时也是我们奋斗过、爱过、付出过的证明，它留在我们的生命中，是我们记忆中的宝贵经历。它也可以成为我们改进自己的动力。学着以宽容对待生活，以坚强要求自己。除了死亡，我们所有的经历都不是结局，为了未来，我们仍要走好现在的每一步。

# 第十三章
# 你焦虑，是因为自己不够从容

每天早晨醒来，似乎每一件事都值得我们担心焦虑，我们常常心急火燎，始终没有轻松的状态。什么时候我们才能看轻成败，看轻得失？什么时候我们才能学会洒脱，告别焦虑，成就那个从容的自己？

## *01* 你的人生可以自己掌控

人在江湖，身可由己。

人们常说：“人在江湖，身不由己。”人生在世，每个人心中都有一定的恐惧感。也许你早就发现，美梦成真难上加难，噩梦成真却很简单，有时候担心什么来什么，越害怕的事越容易发生。于是，人们的焦虑感越来越严重，渐渐地影响到了心理健康，影响到了正常生活，如果不控制，危害会更严重。

很久以前，西欧有一个热闹的小镇，那里的人们过着自给自足的幸福生活。

突然有一天，田野里出现一个身穿黑衣、扛着镰刀的男人，向这个村落走去。有人立刻认出，这个男人就是传说中的死神，他的到来必然会带来死亡。

“你要去做什么？”村里的一位老人问道。

“我要去带走100个人。”死神平静地回答说。

“太可怕了！”老人说。

“事实就是这样，”死神说，“我必须这么做。”

这位老人急忙跑去提醒所有人，死神即将来临，而且他要带走100个人的生命，这件事谁也阻止不了。于是，村里的人们陷入了无限的恐慌中。

第二天早晨，这位老人又碰到了死神，他非常不满地质问：“你告诉我你要带走100个人，为什么村落中一夜之间竟然死了1000个人呢？”

“我照我说的做了，”死神回答：“我带走了100个人，压力带走了其他那些人。所以，这不是我的错！”

可见，有时人因为压力而感到忧虑，其实并非真正的压力所致，而是自寻烦恼。人为地夸大压力，甚至会让人丧命。

因过度焦虑产生的压力，是无形的杀手，在不知不觉中削减着我们的生命。就像一个负重行走的人，本来就觉得肩膀酸疼，双脚沉重，却还在路边捡一些别人丢掉的包袱，加在自己肩上。于是，他越走越慢，越来越累，很自然地产生了“这条路我走不完”的想法。很多焦虑，都是这样一种“负重加增重”的状态，百上加斤，越来越重，而且多半是自找的。

人们常常说：“人在江湖，身不由己。”这样轻描淡写的一句话，将自身的压力归咎为外界环境，所有的焦虑都来自于他人。可是，原因真的这么简单吗？那把一个人与世人隔绝，他是不是就不会焦虑了？显然不能，他只会在孤独中产生更大的焦虑。

所有的焦虑都来自于我们的内心，来自我们对事物的稍显悲观的看法，以及对自身的不自信，对环境的过分敏感，简言之，是因为我们还不够强大，有太多事情让我们觉得无法控制，让我们无能为力。越是大场面，越是紧急情况，越是显示出我们的心灵是否脆弱。

奥运赛场上，气氛是火热的，也是紧张的。特别是即将比赛的运动员，神色无不凝重，他们的每一步，都关系到自己的成绩，还有国家的荣誉。此时，记者正在采访一位运动员，这个人是上一届的冠军，他看上去很轻松，教练坐在他的旁边，并没有像其他教练那样不停地指教。

“你为什么这么平静？”

“我为什么要紧张呢？”运动员反问道。

“你不怕输吗？”

“每个站在这里的人都怕输，但输了又能怎么样呢？能站在这里，就已经证明了我的实力，能不能破纪录，拿第一，那要看个人的发挥，即使是输了，也不能说我是差劲的，难道不是吗？”

看着运动员那轻松的神态，记者感觉到，比起那些紧张得咬紧嘴唇的选手，也许这个看上去满不在乎的人，才是最后的胜利者。

一颗轻松的心，会让自己的精神面貌变得截然不同。是的，多数事情都不在我们掌握之中，就像等待比赛的运动员，平日全都付出了艰辛的努力，最后的胜负只差 0.01 秒，这的确不是我们的能力能掌控的，但是，即使这样又如何？唉声叹气会让我们心里好过？不如达观一点接受结局，对世事保持一种“兵来将挡，水来土掩”的从容。

遇事焦虑的时候，不妨问问自己：那又能怎么样？失败能怎么样？想到最坏的结果，确定自己能接受最坏的结果，自然觉得轻松。人的心胸就是这样变宽的。我们不必试图掌握命运的每一个波动，只需要保证脚下的每一步都走得更稳。不是我们的，强求也没有用；是我们的，只要走下去，总会遇到。

不管世事如何，我们要对自己说："人在江湖，身可由己。"调整心态，将更多的事情放在我们的掌控之中，这是一个提高能力的过程，也是一个积累智慧的过程。即使在一开始的时候，遭到很多挫折，交了很多学费，但每个人都是这样一步一步成长的。那些坚持到底的人，才能拥有越来越强大的内心，和越来越从容的气魄。

## *02* 若失恋，请从容离开

岁月静好，温和从容，在灿烂的花海中等待幸福。

在千万种焦虑中，有一种最是抓心，让你坐立不安，一刻不能宁静。它让你恨不得马上死去，又明白地知道不值得为这件事去死。它让你整天想一个人，产生各种各样的念头，被悔恨和不甘折磨，又知道自己无法挽回。

这就是失恋，一旦这种事摊到自己头上，焦虑因子就会在生活的各个部分扩张，让你对自己、对人生产生怀疑。

林兰又一次失恋了。

她不知道应该如何解决自己的感情问题，用"屡战屡败，屡败屡战"形容也许比较恰当？她觉得自己学历高、能力好、工作好、性格也不错，不知为何就是恋爱运奇差，每次恋爱都以分手告终。眼看一年年年纪大了，父母总在催婚，朋友也在着急，看热闹的人都在窃窃私语，猜测她究竟有什么“问题”。

每次失恋，带来的是心情的低落和工作效率的全面降低，她的形象似乎也随着失恋大打折扣，人们都说她“不过如此”，她有心反驳，却一句话也说不出来。何况她自己也一次次产生质疑，也许她真的不像自己想象的那么好。渐渐地，她对感情越来越没有自信。

每一次谈恋爱，她要么什么都屈就对方，以期对方了解她的心意；要么就十分强势，试图把握对方的一举一动。每一次她的尝试都会失败，她甚至已经忘记了自己到底是个什么样的人，到底应该追求什么样的爱情……

恋爱、婚姻是人生大事，可以说，拥有一个让自己倾心的伴侣是很多人的毕生追求。因为爱情在生命中的重要地位，它无疑会被人们与“成功”挂钩。一个人的婚姻不成功，即使他有很高的地位，很大的成就，人们依然觉得他不完美，他也觉得生命不完整；相反，一个人平平常常，没有什么本事，却有一个美满幸福的家庭，他依然让人羡慕不已。

那么对待爱情，人可以从容吗？可以看开吗？为什么不可以呢？聚聚散散本来就是世间的常态，对的时间，对的人，本来就是难以凑齐的机缘，除了看开一些，你还能做什么？苦苦挽留不属于自己的东西？死死追求不在乎自己的人？那只会让生活更苦涩。

何况，一个人对待感情也能多一丝理智和从容，他的感情并不会减少炽热的程度，反倒因此更加持久。因为他能够理智地绕开那些恋爱中男女常犯的错误，对两个人的未来做出最合理的规划，找到最恰当的相处模式，这样的爱情，又有什么不好？

在女朋友离开之后，许先生的生活有了很多的改变。从前，他整日懒懒散散，觉得拿着一份月薪12000元的工作很有满足感，他从不主动进修，也不注意自己的形象，更不关注自己的健康，他觉得生活就应该是随意的，这样一直到老就很好。

他的女朋友想的显然不是这些。她并不是个工作狂，也主张享受，喜欢在闲暇时候烹饪美食，外出踏青，发展业余爱好，但她十分注重对未来的考虑，她要考虑房子，考虑养老，考虑将来孩子的教育。而许先生的懒散，让她一次次地失望，她觉得自己一个人打拼压力太大。终于有一天，她选择放弃这段感情，接受了一个更适合自己的男人。

起初，许先生怀疑自己，无比消沉。经过一个长达半年的低谷期，他才终于接受了失恋的事实，开始试着走出阴影。他终于肯承认，自己当初不够认真，也不够负责，他像是脱胎换骨一般，迅速变成了一个锐意进取的职场精英。

几年之后，他已经有了自己的车房，朋友们说："你从前的女朋友如果看到你，一定会后悔当初离开你。"许先生却苦笑着摇摇头，说："但是，如果她没有离开我，我就不会有眼前的这些成绩。"朋友们听后，唏嘘不已。

每次失恋都是一次成长，那些细小的改变，那些刻骨铭心的教训，都让你成为一个更完善的人，让你向更好的方向发展，而不是固守着自己的残缺，永远认识不到真正的缺点。从这个意义上来说，每个人都应该感谢那些离开自己的人，因为最痛的教训，才能带来最大的领悟。

失恋是感情的结束，却不是生活的结束。不必为失恋怀疑自己，你只是还不懂得如何爱，如何珍惜。爱情结束了，你也只能将这份感悟作为它最后的领悟，借由这个机会迅速地成长，而不是变成一个消沉的人。否则，下一次爱情的到来，也会被你错过。

每一个为爱情焦虑的人，内心都在期盼幸福的降临，为什么不以从容的姿态等待它？

茫茫人海，总会出现那个适合你的人。在遇到那个人之前，你要做的是让自己更有涵养，更有能力，更有担当，以此承担这一份可贵的感情。

## *03* 桌上放面镜子，随时调整工作状态

心情是一面镜子，经常照镜子能给自己带来好心情和自信。

工作，是每个人生活的重心，不论为了养家还是为了理想，人们的工作直接决定了生活的状态，甚至直接决定了未来的前景。因为工作太重要了，人们的焦虑也有很大一部分与工作有关，特别是工作不顺的时候，焦虑的感觉让人如坐针毡。

工作后，李顺可谓“事事不顺”。他毕业于名牌大学中文系，原以为在报社当了记者，能够一展自己的文才，写出几篇让人惊羡的报道。可实际上，他每天的工作就是校对文稿，不停地在字里行间挑错。如此锻炼了一年，他拿起一本书的第一件事，不是想知道这本书上写了什么，而是看看这一页有没有什么错别字。

一年后，李顺终于开始独立采访，但他毕业时的豪情已经被审稿消磨一空，一连几个稿子都又被编辑“枪毙”。他觉得自己根本不适合当记者，整天非常烦躁，甚至想赶快辞职回家考研，将来做个初中老师算了。

李顺的女朋友为此也十分着急，这天约会后，她特意送了李顺一面镜子，嘱咐他一定要放在办公桌上。虽然李顺觉得一个大男人的桌子上放面镜子有点不合时宜，但这是女朋友的要求，李顺还是照做了。

又一个周一开始了，李顺依然“不顺”，上周的稿子又被总编骂了一顿。他垂头丧气地坐回桌子旁，一眼看见镜子里的自己一脸衰相。他吃了一惊，想想自己马上就要去采访，连忙把头发梳拢整齐，正正衣领，练习了一下笑容，这才拿着相机出门。

那一天的采访很顺利，之后，李顺经常对着镜子调整自己的形象，告诉自己应该随时保持良好的工作状态，没想到接下来他竟然一路高升。总编本来就欣赏他的文笔，又用一年的时间培养他的耐心，现在看他精神饱满，工作热情高，一连给了他好几个重要采访。李顺都完成得非常好，不久，他就升了职。

“你这面镜子真神奇，给我带来了一堆好运。”庆功宴上，李顺对女朋友说。

“嗨，这只是一个最简单的心理暗示而已。”女朋友眨眨眼说，“你忘了？我可是读心理学的研究生！”

故事中的李顺有一个“活学活用”的女朋友，从心理学的角度来说，照镜子可以培养人的自信心，增强人的自尊心，提高人的自豪感。看到镜子里的自己，人们会下意识地整理仪容，让自己看上去更精神；还会不自觉地露出笑脸，让自己看起来精神饱满，这些，都是人们对自己的正常期望，而镜子，恰恰反映了这种希望。

事业是人生的重心，工作如果出了问题，焦虑的心情会影响生活的方方面面，简直是“一损俱损，一荣俱荣”，所以，调节自己对待工作的心态，是保持日常轻松的重要步骤。当你觉得工作压力太大，就在办公桌上放面镜子，当工作中出现困难或者心情不好时照一照，可以有效减轻心理压力和烦躁情绪。

镜子还有一个用处，就是可以随时对自己做一些有利的心理暗示。例如提不起干劲的时候，可以对着镜子为自己加油，就像有个什么人在为自己打气一样；当你非常抵触做一件事的时候，看着它会敦促自己，告诉自己坚持就是胜利；当你做出成绩的时候，还能用它收敛自己太过得意的表情，告诉自己要低调，不要炫耀……

桌子上有镜子的人，因为常常看镜子，会及时发现自己的表情，一旦有负面情绪产生，就要赶紧控制一下，以免影响他人。而且，对自己也不失为一种积极的鼓励，哭也是一天，笑也是一天，为什么不给自己一个笑的理由？就这样，在镜子的帮助下，你的气场越来越正向，对人的态度越来越好，对工作的积极性越来越高，原本不顺心的事，也会在不知不觉中得到改善。

不过，镜子可不是万能的，它只是让你能够宽慰自己，在建立信心后，就要着手解决问题，重新找找方法，调整自己的状态，向有经验的人求教。总之，一切能使你更有效率的方法，你都要去尝试，这才是克服“不顺”的根本方法，也是能让你在镜子中看到真心笑脸的最佳方法。

## 04 坎坷人生路，要懂得迂回前行

成功路永远不止一条，要善于发现捷径。

在人生道路上，每个人希望一路绿灯，脚下平坦，没有任何曲折。但天不遂人愿，脚下的道路偏偏有各种阻碍，让人大费周章，还会遇到一连串的红灯，心下的焦虑难以言喻。其实，这个时候，你可以自己寻找有绿灯的道路，绕一下道，也许就会柳暗花明，前程平坦。

星期一早晨，张小姐急匆匆地起了床，气急败坏地盯着床上的闹钟。这闹钟不知出了什么问题，一大早竟然罢工，害她起晚了一个小时。急急忙忙地刷牙洗漱，她飞一样冲出房间，赶公车肯定迟到，她招手拦了一辆出租车：打车不过几十元，全勤奖没了损失几百元。

一上车，她就连声催促：“去××路××公司，越快越好！”司机似乎见惯了这种慌慌张张的白领，说了一声“好”，踩下了油门。

“等一下！路不对吧！”张小姐突然说。去她公司最近的路是走前边的公路，司机显然是在绕远，她不由得心生不满。

“从这里到你们公司，最短的距离是走刚才那条路，但是，今天是周一，现在又是上班高峰，那条路肯定在塞车；而走现在这条路，虽然看上去绕了一个大圈，却能更快地把你送到公司。”司机说。

司机说得有理有据，张小姐信服地点点头。20分钟后，张小姐顺利到达公司，她听说，司机未走的那条路早上堵了一个钟头，不由得暗自庆幸。

俗话说，条条大路通罗马。有些人却喜欢一条路走到黑，根本不管实际情况如何。的确，这条路看着不错，似乎几步就能达到目标，可是你应该想想，如果那么容易就达到目标，岂不是人人都是成功者？特别是堵车的时候，如果你还坚持这是最好的路，你也许就错了。

焦虑常常来自于内心的固执，因为认定一定要用A方法经过A过程达到A目标，偏偏A方法不适合自己，A过程处处有陷阱，A目标遥遥无期，怎么能不苦恼？这个时候，你需要想想B方法、C方法，尝试D过程、E过程，只要最后能够达到A目标，你何必拘泥于最初的决定？懂得变通的人，可以更快捷地达到目标，省掉不必要的麻烦。

做人为什么要心宽？因为心宽装的东西才多，普通人心里只能装几条道，心宽的人不拘泥于最短的那条，他还能考虑到最长的、最弯的，考虑得多，比较得多，选择自然就多。他总是能在诸多道路中选择最佳的一条，即使最初在旁人看来，那条路并不理想。

那一年，唐女士所在的工厂效益不好，被迫关闭，她和她的同事们一夜之间都下了岗。唐女士没有文凭，没有能力，突然失去经济支柱，让她非常沮丧。现实不容她消沉，她很快开始寻找出路。她从前的同事们都做起了小买卖，她觉得这种买卖未必有市场。

经过一番观察，唐女士向亲戚借了钱，报名参加了编织班，并买来机器，开始编毛衣。她的毛衣花样多，颜色好，销量很大，她很快就雇了几个工人，成了小老板，并用赚来的钱送他们去学习技术，购买更好的设备，一时间，她成了编织毛衣的大户。

几年后，更多的人看到唐女士赚了钱，也来抢这块市场，越来越多的小编织厂成立了，毛衣的销路越来越不好。工人们愁眉苦脸，唐女士却让他们稍安毋躁。她花两个月的时间在全国各地调查市场，回来后，她宣布关闭编织厂。工人们极力反对，说现在编织生意虽然不好，但他们厂子已经有了牌子，这个时候怎么可以撤退呢？

尽管工人们满心不满，唐女士还是果断地停止编织生意，重新让工人们外出学习。这次，他们学习的是一项听也没听过的项目，叫液体壁纸。这种美观大方又健康的壁纸刚刚在国内兴起，唐女士就在市里开了一家装修公司，专门经营这个项目。一年后，顾客爆满，成功地站稳脚跟，而过去的编织厂早已被更大的公司冲击，纷纷倒闭，工人们都对唐女士的眼光钦佩不已。

以不变未必能应万变，特别是目标不恰当的时候，“不变”就会让你成为用不到的木板，遭到现实的废置。像故事中的唐女士那样，随时审视当时的情况，做出调整和转变，才能保证自己永远跟得上形势，永远走在时代前面。

退而求其次，不是畏惧困难，而是积极地想一个两全其美的办法，既接受既定的现实，又让自己不是一无所得，而是有所创造。或者说，这是真正的挑战，挑战的是自己心中固守的意见，改变自己，超越自己。

此外，改换目标还可以增强自己的信心。当一种情况让自己感到能力不足，自尊心受挫，改一个目标，轻松地达到，会迅速重建自信，告诉自己能力没问题，只是方法不对，并在下次遇到困难的时候，迅速想起这一次经历，变得更加灵活稳重。

生命的道路难免会遇到交通堵塞，这个时候千万不要焦急烦躁，放宽心，放开眼，道路永远不止一条，真正的成功者，正是那些善于发现捷径、选择旁人没有涉足的道路的人。这样想想，你是不是也觉得迂回变通是一个再好不过的主意？

## *05* 在等待中孕育，而后绽放

每一粒种子，都要在土壤中经历漫长的孕育，等待发芽，期待春天。

我们都有过高考的经历，在成绩公布之前，我们只是高中里的普通学生，无法断定谁能上重点大学，谁根本进不了大学的校门。这是一个等待的过程，每个人都曾为此焦虑。但是，这也是一个奋斗的过程、播种的过程，你未必能够预料到自己会开出什么样的花，只需要在每一个今天尽力播下手中的种子，等待它们孕育。

一位商人担心自己死后，唯一的儿子会因为继承了大笔的财富而变得懒惰，不肯奋斗，最终坐吃山空，甚至招来厄运。为此，他骗儿子说自己的店铺遇到了严重的财政困难，岌岌可危，希望儿子能够想办法赚到一笔资金，让店铺起死回生。

儿子是个有志气的人，他立刻安慰父亲说："您放心，我现在就出门寻找机会!"父亲觉得很欣慰，亲自为儿子打点行李。儿子跋山涉水，历尽千辛万苦，终于在一片热带雨林中找到了一种能够散发出浓郁香味的树木。这种树木和其他林木不同，把它放到水中，它不会浮在水面上，而是沉到水底。

儿子大喜，他相信这定是价值连城的宝贝，于是满心欢喜地带着香木到市场去卖。但是，人们从未见过这样的树木，谁也看不出这些木头的独特之处，都以为这个年轻人把木料浸了香，想卖个高价骗钱。几天下来，他的树木根本无人问津，可他旁边卖炭的老头，生意却非常好。一车木炭，半天的工夫就都卖光了。

几天之后，商人的儿子终于坚持不住，他把自己的香木全都烧成了木炭。结果，烧成的木炭很快卖完了，他非常高兴，拿着自己卖炭的钱迫不及待地回家见父亲。他想这些钱虽然不多，至少证明他是一个勤奋又有能力的人。

听完儿子的讲述，父亲沉思良久，最后，他深深地叹了口气，说："孩子，你烧成木炭的香木，是世上最珍贵的树木——沉香。你只要切下一小块磨成香粉，它的价值远远超过那一车的木炭。你一定要记住，做什么事不沉住气，就无法取得大成就。"

登山的时候，山路崎岖，你觉得劳累，看不到山顶，甚至想要转个身，以轻松的步伐下山。只有坚持走下去的人，才能到达顶峰，才能看到最美的风景。这个过程，就是等待。等待意味着发现，意味着看似无用的木炭能成为一块沉香，意味着你已经不是昨天的你，就像破茧的蝴蝶，与昨日截然不同。

等待并不是站在原地动也不动，你仍然需要行动，为你的目标做出不懈的努力。换句话说，等待是一种酝酿，在艰辛的付出中，实现从量变到质变的积累。它让你原有的重量继续加重，总有一天，你会体会到什么是"厚积薄发"，体会到一切努力都是值得的。

台上三分钟，台下十年功。那些让人赞叹的成就，都要以时间作为根底。在等待的时候，每个人都是平常而普通的，甚至，是比很多人更差一点。这个时候不必焦虑，只需沉下心，坚持一步一个脚印继续走。不是每个人都有这个耐性，大多数人只走到一半就选择了其他的道路，而走到最后的人，必然有他的收获。

有个木匠十分努力，他相信自己有一天会成为全国最伟大的木匠，就连国王的椅子都会是他亲手做的，他做的一切东西都会让人称赞，他也会获得极高的荣誉，为家人带来富裕的生活。怀着这个目标，他一直磨炼着自己的技术。

这天，有个白胡子老头来到他的店里，请他做一个装鸟的笼子。木匠想："这种小东西不但不能赚钱，还没有什么艺术性，这种生意不接也罢。"于是，他拒绝了老人。

过了一个月，白胡子老头又来到他的店里，这次，他请木匠做一个猫吃饭的木碗。木匠想："这个老人来了两次，我不能每次都拒绝，但这种东西不值得我浪费精力。"于是，他随手拿了个自己从前做的木碗给了老人，老人失望地走了。

又过了一个月，白胡子老头又来了，这次他要的是一把小孩玩的木头剑。木匠想："我不算一个很有名的人，但好歹也是个匠人，这个老头竟然把我当成街头削木头的，总要这些根本没有技术含量的东西，实在太可恶了。"于是他对老人说："在园子里捡根树枝就能当木剑，你不用来找你。"老人听完就走了，再也没出现过。

木匠一直没有实现他的理想，尽管他的手艺越来越好。一次，一个老朋友回乡探望他，对他说："我在王宫工作，经常对国王说你的技术有多么好。国王派人来你这买东西，买了三次，为什么你都没有把握机会？"

"他买了什么？"木匠茫然地问。

"他想给王后的鸟做个精美的笼子，想给自己的猫配个吃饭的碗，想给王子弄一把木剑……真的没有人来买这些东西吗？"

木匠听了，差点跳起来，可惜他就算后悔也来不及了。

等待是一种明智的做法，但在等待中，你也要做个聪明的人。常言道“时不我待”，等待的时候，我们需要抬高自己的头，以免机会白白从眼前溜走。如果不能把握时机让自己起飞，你的所有等待就失去了意义，甚至可能成为一种浪费。

所谓的孕育，只有努力是不够的，就像一个人想要成长，不但要依靠师长们的教育，还要自己懂得充实自己，做那些感兴趣的事，尝试自己从未尝试的事物，了解自己的能力，还要尽可能结交朋友，尽可能吸取知识……在等待中，你需要锤炼自己多方面的能力，而不是单向发展，让自己成为一个偏科的呆子。

等待不是一件容易的事，它仍然需要你有强大的心理承受能力。当看到别人纷纷达成自己的目标，你着不着急？当别人得到了比你更好的生活，你羡不羡慕？当你的事业一直没有起色，你焦不焦虑？这种时候，你需要从容，需要把自己和别人分开，需要明白自己的选择和别人不一样，自己的资质和别人不一样，以宽大的心胸承担等待带来的一切。

所有的等待都不会白费，就像一粒种子的孕育，需要经过漫长的冬天，在土壤里，它会为不能发芽暗暗焦虑，但只要耐心地继续等待，春天总有一天会来到。

## 06 岁月如水，过往从容

漫漫人生，何必每天都风尘仆仆、行色匆匆？

人生有时就像广阔的大海，人们一面觉得它有无限的良机，期待直挂云帆，一面又对滔天巨浪惧怕不已。于是，很多人都渴望风平浪静，渴望一帆风顺，却不知真正的平静永远不是外界能够给予的，而在于你自己的心态，心平则路平。

最近，王曼充分领教了流言的可怕。不知从哪一天开始，有人说她与一个有妇之夫关系不正常，从此整个公司都知道了这件事，同事看她的眼神都带着试探和讥笑，就连领导的态度也有微妙的改变，男领导有些暧昧，女领导有些排斥，这些细微的变化没有逃过王曼的眼睛，可是，她毫无办法。

没错，她既不能大声说自己没做过这样的事，那只会越描越黑，让更多的人知道这件事，但她一言不发，又像是一种默认，让流言传得更猛烈。她现在觉得上班简直就是在受罪，不知该如何是好，甚至想到了辞职。

她的上司隋女士察觉到了她的异常，在一天下班后请她喝茶，王曼把多日的委屈全都说了出来。隋女士听完说："这不算什么。"王曼大惊："这还不算什么？隋姐，我可连男朋友都没交过，以后我怎么在公司做人？怎么谈恋爱?"

"真的不算什么。"隋女士说，"十年前，我像你这么大的时候，关于我的传闻更多，说我能够升职是因为和上司有染，甚至上司的太太都听说了，还来公司找我大闹一场。”

“那你是怎么做的?”王曼问。

“不理会。谁爱说就说，找我来闹，我把事实说一下，其余一概不理。要知道，那些说闲话的人就想看你气急败坏，你越是淡定，他们越觉得无聊，没多久，也就去找别的目标。”隋女士建议，“你听我的话，什么也不用理会，该做什么做什么，很快就会好的。”

为了不辜负隋女士一番教诲，王曼干脆对流言来个“充耳不闻”，实在太烦的时候就拼命工作。几个月后，所有谣言自动消散，王曼的业绩倒是又上了一个台阶。人们提起王曼，第一想到的不是“那个勾引有妇之夫的女人”，而是“我们公司最有潜力的女强人”。

不论你想做什么，总是逃不开旁人的眼光和议论，他们钻研你的每一个举动，甚至捏造一些你根本没做过的丑闻，让你觉得越想做到的事，越不容易做好，似乎只要定下目标，全世界都会跑来跟你作对，不是有意阻挠你，就是无意间干涉了你，让你觉得处处碰壁。

这个时候，你需要的是淡定。谣言也好，刻意的刁难也好，不过是磨难的一部分。想要达到目标，磨难是必经的过程，不论它以什么形态出现，你都不能回避。但有些磨难你应该全力应战，有一些可以干脆忽略。

心宽才能淡定，因为不把虚名浮名当一回事。嘴长在别人身上，不必管他们说的人是不是自己，就算说了又有什么关系？其实并不能损伤自己的根本，与其花精力在他们身上，不如赶紧多走几步，把他们甩得远远的，图个清静。

一个小和尚找到自己的师父，诉说自己的不幸遭遇。他年纪小又聪明，很得师父喜爱，遭到了其他和尚的嫉妒，他们排挤他，故意让他干重活，总是议论他，还有各种围绕他的流言，小和尚不明白为什么自己要受到这种待遇。

师父静静地听完了他的控诉，才说："现在你去给我倒一壶茶，再去找一块小石头。"

小和尚照做了，师父拿起石头，把它用力地投进茶杯里，只见水花四溅，茶杯也被砸个粉碎，小和尚吓了一跳。师父又捡起石头扔到茶壶里，茶壶没有碎，但也发出好大的动静，里边的水也溅到了四周。

然后，师父又带着小和尚一路走到河边，把石头扔进宽阔的河里，石头只发出很小的声音，就沉到河里，再也没有踪影。师父问："你说，你想做茶杯、茶壶还是这条河？"

小和尚悟性高，立刻双手合十："感谢师父教诲，我再也不去理会他们的说法了！"师父忍不住露出微笑。

师父说的道理其实很简单，心静的人，不应该让别人左右自己的情绪，不应让污言秽语污染自己的耳朵。那么怎样才能做到心静？首先要做到心宽。心底越宽，容下的事情越多，看到的东西越多，烦恼不知不觉就成了可以忽略的小事，再也不会让自己费心。

不论遭遇什么，都要以轻描淡写的姿态化解。你越是在乎，越是容易走偏，越是想得到，手越会因紧张而不断颤抖。多少机会就葬送在急切之中，看看那些走钢丝的人吧，为什么他们能在一根钢丝上如履平地？就是因为他们拥有一颗宁静的心，外界的喧嚣与他们无关，别人的议论不能改变他们的姿势，他们不在乎掌声，也不在乎谩骂，没有任何负担，一心一意走脚下的路。

我们的生活，有时何尝不是在走钢丝、过独木桥？面对竞争，面对压力，面对危险，我们也要有这样的心态：即使走在钢丝上，我们也要尽量从容，否则，就只能停在钢丝的一端，一步也不敢迈；或者走到一半，一头栽下去。要永远有这样的信念：一切都不重要，重要的是我在做这件事，失败没有什么，大不了回到原点。只要有这样的心态，你就能够远离生命中的焦虑，做一个从容而强大的人。

# 第十四章
# 你悲观，是因为自己不够自信

我们时常觉得自己不幸，是因为看事情太过悲观。悲观者容易自卑，于是不敢去尝试，心中更没有希望，渐渐地，陷入自暴自弃的陷阱。把心打开，让乐观的阳光照射进来，试着换个角度想问题，你就不难发现，原来世界如此简单。

## *01* 你不是一无所有，你还有希望

前方是绝路，希望在转角。

很多时候，我们的生活常常会陷入一种“绝境”中，这种绝境会让我们心灰意冷。绝望到失去了生活下去的勇气，就像是世界末日将要来临一般。

但是，事情的发展也并非就是绝对的，绝望中有时也会孕育着无限的生机，让人萌生希望。只要你还拥有希望，你就不是一无所有。因此，当你在绝望的时候，一定要抱有一种不绝望的心态——不肯低头，拥有希望。只要拥有了这种心态，那么不管在什么情况下，你都可以勇敢地走向前方，拥抱

幸福快乐的生活。

中国台湾女作家杏林子，在童年时是一个非常美丽可爱的女孩子。12岁那年，突然患上了“类风湿关节炎”，这是一种免疫系统失调的病。身体的关节都会不断地受到侵蚀并发炎，现今的医学还无法完全治疗好这种病。自从杏林子得了这种病以后，她时时刻刻都在痛苦中苦苦挣扎，数十年来，她躺在病床上面，生活完全无法自理，行走也只能依靠轮椅，连睡觉的时候都要戴上呼吸器。

这种身体上的剧烈疼痛让杏林子的身心都疲惫到了极点，多少次，她都想就这样停下来放弃一切。可是内心深处却总有一个声音在督促她前进。她深深地明白，如果前进也许还有一线生机，而放弃却只有死路一条。不能选择死，那就只有选择继续生活下去。

从这以后，她不再整日唉声叹气，开始积极地面对生活。生命也焕发出新的生机，孕育出新的希望。于是，她开始全身心地投入到写作当中，用手中的笔来抒发内心的情感。就这样，一个长期深受病痛折磨（这个病持续了48年）、只有小学文化程度、连拿笔写字都非常困难的杏林子，从34岁开始写作直至去世，在整整26年里，共创作了散文、剧作等作品共计80多部。她除了拥有一大批的忠实读者以外，还深受文学界大师们的好评，看过她作品的人，都被书中的内容深深激励和鼓舞着。

这么多年来，尽管杏林子的生活苦不堪言，可她并没有放弃，她也并非一无所有，她依靠着心中的希望，勇敢地生活了下去，给无数人树立了好榜样。

“行到水穷处，坐看云起时”，在人生漫长的旅途上，很多时候我们真的以为自己走到了绝境，其实，这说不定正是人生的一个转折点。的确，人生的境界就该如此。在人生的旅程中，我们只顾埋头前行，走到后来才发现自己陷入一种绝境之中，前方已经没有路可以让我们继续走下去。

这个时候，悲观、绝望的心情就会无限滋生，那么，我们到底该如何去面对呢？不如先往四周或者回头看一看，也许还会有另外一条路可以到达终点。即使已经无路可走了，也不妨先抬头看看天上的云卷云舒，虽然身陷绝境中，但心灵还可以无限畅想，还可以很自由、很快乐地欣赏大自然，体会宽广深远的人生境界。于是，内心深处便生出一丝希望来，你再也不会觉得自己是一无所有，已走到了人生的穷途末路之中。

有这么一个成语叫“绝路逢生”，意思就是只要还拥有希望，肯用心去想、去做，就一定可以想出一个办法来，再通过积极主动的奋斗，就能够走出困境，获得成功。

这个世上原本就没有什么绝境，关键就看你有没有一个良好积极的心态。只要你心中还拥有希望，你就能从一粒沙中看见整个世界，从一朵花中看见整个春天，通过对当前局面的仔细分析比较，找到自己的优势和希望所在，就可以做到转危为安，找到新的出路。

有17位来自四川的民工，他们原本打算步行到车站以后再乘车到工地上。可是他们走错了方向，没有找到车站，却走进了一片茫茫的沙漠之中。

当地的派出所在接到他们的求救信息以后，火速出动了警车，前往沙漠中进行营救。可是沙漠一望无际，没有任何的参照物，要想在这样的环境里寻找他们，是件非常困难的事情。营救人员拨打他们的手机，可是沙漠中手机的信号时有时无，刚说了几句话，手机就断了线。寻找了很久也依然是毫无收获。时间就这样一点一点地过去了，白天沙漠里的温度高达50℃，再加上没有任何地方可以遮挡阳光，这样的环境对人体是一种极大的挑战。

在经过了很长时间的搜索之后，营救人员终于找到了其中3位失踪的民工，可另外还有14个人仍然是下落不明，营救人员只有继续运用各种办法，深入沙漠进行寻找。这个时候，天空忽然刮起了狂风，漫天的黄沙顿时让人分不清楚方向，为了减少伤亡，营救人员只得停下来，将车子停到了高处，并亮着车灯，希望可以给黑夜中失散的民工指引方向。可是，一晚上过去了，那些民工并没有出现在大家的眼前。

第二天，等到狂风稍微减弱了一些，营救人员又再次投入搜救当中，终于找到了一位民工，可是这位民工已经死去多时。见此，营救人员心想，也许其他民工也是凶多吉少。可是，大家并没有就此放弃搜救工作，没过多久，奇迹出现了，在一个泥潭中找到了其余失踪的民工。他们脱掉了身上的衣服，在这个沙漠里面的泥潭里来回滚着，泥巴包裹着他们的身体，他们就这样神奇地活了下来。此时，距离他们走进沙漠已经过去了整整56个小时。

**面对着茫茫无际、酷热难耐的沙漠，他们没有放弃，他们抱着想要活下去的希望，一直坚持着，直到营救人员的到来。**

曾经有一位作家，在股票交易中损失惨重，顿时负债累累。生活也一下子从锦衣玉食到贫困潦倒。然而，他并没有放弃，开始节衣缩食，勤奋创作，希望能够依靠赚取到的稿费去偿还那些债务。他的朋友们为了帮助他渡过难关，开始组织募捐，很多人都慷慨解囊，一些有名的大公司、大集团也纷纷出高价请他写广告词……可他统统拒绝了。他把自己关进书房里，一个月、两个月，一年、两年，就这样日复一日，年复一年，他始终坚持着一个信念，他创作出来的一本又一本新书，在当时都引起了极大的轰动。很快，他就偿还了所有的债务，并开始过起了全新的生活。

这位作家就是世界著名的大作家马克·吐温。他用自己的亲身经历告诉我们：只要拥有希望，坚持心中的信念，就一定可以达到目标。所以说，无论你的情况变得有多糟糕，你都不可以失去信心，都要相信，一定会有时来运转的机会。

古语有云："自古英雄多磨难。"一个普通人之所以成为一个领域或者一个时代的英雄，是挫折和磨难激励了他们。因为英雄和普通人最大的区别就在于：英雄不会在困境中退缩，或是在绝境中放弃，而是始终抱有希望，他们始终在告诫自己，并不是一无所有，只要拥有希望，就一定能够取得成功，并在困境中磨炼自我，在绝境中证明自我，从而书写了一篇篇充满励志的篇章。很多时候，只有当我们深陷绝境，内在的潜力才会得以勃发。只要心中还有希望，希望就会带我们走向更高更远的地方。

## *02* 用执着的信念打开命运之锁

信念是鸟,它在黎明到来之前,感觉到了光明,唱出了歌。

美国芝加哥有一个名叫迈克的人，在10年前，生了一场大病。等到他康复以后，却又发现自己得了肾脏病。于是，他开始四处寻找医生医治，甚至还去找过巫医，可是谁都没有办法医好他。

没过多久，迈克又被发现患上了另外一种病，血压也随之高了起来。他赶忙去医院检查，但是医生告诉他已经没救了，只要患上这种病就意味着离死亡不远了。同时，还建议他赶紧准备好自己的身后事。

迈克只好万分悲痛地回到了家中，并写下了遗嘱，然后就开始向上帝忏悔自己以前所犯下的各种错误，并一个人坐在书房难过地陷入沉思当中。家里人看到他那种伤心痛苦的样子，也都感到十分地难过。

就这样，一个星期过去了。一天，迈克突然对自己说：你到底怎么了？你现在这个样子简直就像个傻瓜。你在未来的一年恐怕还不会死，既然这样，那为什么不趁现在活着的时候让自己过得快乐一些呢？

从这以后，迈克开始积极地面对生活，脸上也开始绽放出笑容来，并试着让自己表现出轻松愉快的样子。刚开始的时候，迈克很不习惯，但是他还是努力强迫自己变得很快乐。紧接着，他开始发现自己感觉好了许多，几乎和他所装出来的一样好。这种现象让迈克感到十分开心，也越发让他有信心起来。一年以后，迈克不仅没有死去，反而活得十分健康和快乐，甚至连血压也降下来了。

“有一件事情我可以非常肯定的是：假如我一直想到自己会死去的话，那么那位医生的预言就会实现。但是，我给自己一个积极健康的心态，给自己身体一个自行康复的机会。做别的什么都是没用的，除非我先不悲观，先开朗起来。”迈克先生非常自豪地说。

是的，迈克现在之所以还活着，是因为他并没有被病痛的折磨和打击给击倒，他给自己树立了一个康复的信念，从而让他可以很快地从悲观的心态中走了出来，积极地面对生活，最终让自己的人生获得了转机。

一个极为乐观的人能够做到自我激励，能够寻求到各种方法去实现自己的目标，在遭遇困境和磨难的时候做到自我安慰，树立积极良好的心态。

麦特·毕昂迪是美国有名的游泳运动员。1988年的时候，他代表美国参加奥运会，被大家一致认为是极有希望继1972年马克·史必兹之后再夺七项金牌的人。但是，毕昂迪在第一项200米自由式游泳的比赛中竟然只取得了第三名，并在随后的第二项100米蝶泳比赛保持领先的情况下，硬是在最后一米的时候被第二名赶超，从而与金牌失之交臂。

当时许多人都认为，毕昂迪两度丢失金牌将会影响到他后面的表现。可谁也没想到，他在后5项比赛中竟表现得异常出色，接连夺得5项冠军。对于这一切，宾州大学心理学教授马丁·沙里曼并没有感到意外。因为他在同一年的早些时候，曾经给毕昂迪做过一个乐观影响的实验。

实验的方式是在一次游泳表演之后，毕昂迪表现得非常不错，但是教练却故意告诉他他的成绩很差，并让毕昂迪稍作休息之后再表演一次，结果他表现得更加出色。参与同一实验的其他队友却因此提高了成绩。

2008年的北京奥运会上也曾出现过同样的一个情形，津巴布韦游泳名将考文垂在参加的三项比赛当中，前两项都获得了银牌。特别是在第二项比赛中，她在预赛的时候甚至还打破了世界纪录，但是却在最后的决赛中输给了竞争选手。

在第三项比赛开始之前，考文垂身上背负着巨大的压力，所有的津巴布韦人民都希望她可以为他们的国家夺取一枚金牌，考文垂是他们心里唯一的希望。在压力和失败面前，考文垂没有选择退缩，她仍然保持着乐观的心态，坦然面对着所有的竞争对手。最后，她果然没有让大家失望，在女子200米自由泳中勇夺金牌。

从这些故事里，我们深深地体会到了：一个拥有信念并抱有积极乐观心态的人，在面临困境的时候，是不会被失败和挫折打倒的。他们始终抱有一种信念，相信事情一定会有好转。要知道，只有拥有一个乐观的心态，才可以让陷入困境的人不再感到冷漠、无力和沮丧，并最终取得成功。

通常，乐观的人会认为失败是可以改变的，结果反而会转败为胜。而悲观的人却会认为一切都已注定，自己已无力改变，唯有认命。不同的心态会对人生的选择造成不同的影响。

心理学家曾经做过一个“半杯水实验”，这个实验就比较准确地检测出了乐观者和悲观者的情绪特点。悲观者在面对半杯水的时候，会说：“我就只剩下半杯水了。”而乐观者在面对半杯水的时候却会说：“哇，我还有半杯水呢!”由此可见，对于乐观者来说，外在的世界总是处处充满了光明和希望。

所以说，当我们在遭遇困境的时候，千万不要过度悲观地去看待问题，而应坚持自己内心的信念，并抱着积极乐观的心态，相信这样，你就一定能够走向胜利的终点。

## *03* 你不是世界上最不幸的人

只要勇敢地战胜了苦难并不再诉苦，困难就变成了财富。

生活中，当我们在遭受到一些重大挫折和打击的时候，通常会产生一种错觉，那就是觉得自己是这个世界上最不幸的那个人。如果真是如此，你这样痛苦不堪倒也罢了，可是事实真是这样吗？你知道这个世界上有多少人比你更加不幸吗?

有一位老人，他的儿子忽然意外死去了，他感到非常伤心痛苦，终日沉浸在痛苦中无法自拔。他去向神父祷告，问有没有一种办法可以让他的儿子复活。神父看了看这位老人，然后说：“我可以满足你的请求，但是前提是你必须先拿一个碗，一家一家地去乞讨，如果你发现有一家没有死过人，你就让他给你一粒米，等你讨够了十粒米，我就会让你的儿子复活。”

老人听完以后便赶忙出去乞讨，可是一路走来居然发现没有一家是没有死过人的，到了最后他连一粒米都没有乞讨到。于是，他恍然大悟：亲人离世原本就是任何一家都避免不了的事情。他忽然觉得心里平静了许多，觉得自己再也不是那个最为不幸的人了，并从这以后，慢慢地从痛苦中走了出来。

当老人发现自己并不是自己想象的那个最为不幸的人时，他找到了他人生的平衡，并逐渐地从痛苦中走了出来。有一位哲人曾经说过：苦难会让你的人生更有意义。当你明白了这点，你就会对痛苦抱着一颗平常心了。从客观的方面来说，生活中既包含了鲜花、欢乐和阳光，同时也有着挫折、打击和痛苦。就好比古人所说的那样：月有阴晴圆缺，人有悲欢离合。

在漫长的人生道路上，每个人的一生都不可能总是一帆风顺、事事如意，难免会遇上一些挫折、打击和不幸。只不过有的人的人生会相对顺利多一些，而有的人的人生会相对挫折多一些，但是总是一帆风顺的人却是不存在的。

也许，在你人生的某一阶段你可能是非常不幸的，但如果因此你就说自己是最不幸的那个人，恐怕就有些言过其实了，要知道这个世上比你更加不幸的人可谓比比皆是。

我们都听过这么一句话：困难是人生的一笔财富。可是，要想把困难变成财富是要具备一定条件的，而这个条件就是：你勇敢地战胜了苦难并不再诉苦。只有这样，苦难才会变成一笔值得骄傲的人生财富。等到将来，你再说起曾经的那番困难时，你就不会感到自卑和难过，反而会有着一种豪气。同样，当别人在听说了你的苦难以后，也不会觉得你是在一味地诉苦，而觉得像是在听一个励志的传奇，不仅不会同情可怜你，反而会尊敬佩服你。但是如果你总是没办法走出苦难，并且只会一脸哀愁地四处向人诉苦，那么你就会成为鲁迅笔下的那个“祥林嫂”了。

很多时候，人们往往都喜欢将苦难认同为不幸，因此怨天尤人，失去了人生的斗志，最终败在了苦难的面前，结果苦难就真的转化为不幸。我们必须明白，我们所遇到的苦难只是我们生活的一部分，是生活复杂性的一种表现形式而已，既然逃脱不掉，那就学会勇敢面对。只有最终战胜了苦难，才会获得人生更大的幸福。因为困境或磨难对弱者来说是致命的打击，可是对强者来说却是奋发向前的动力。

因此，有人说：“快乐并不在于你得到了什么，而在于你能够从不幸中寻求到一份平衡，正确看待自己的不幸，并从中解脱出来，这才是一种最高级别的快乐。”

有一位年轻美丽的姑娘，在一次意外的车祸后，不幸在脸上留下了一道难看的疤痕，原本相爱准备结婚的男友也因此离她而去。从那以后，在她的眼里，生活已经没有任何的意义了。在一个周末的清晨，她悄悄地走出了家门，打算到附近的公园里找一个安静的地方结束自己的生命。

她精神恍惚地走在公园的小道上，无意间，她看到身后走来了一对夫妻。妻子失去了双腿，坐在轮椅上面，而推着轮椅的丈夫却是一个盲人，戴着一副大大的墨镜。丈夫推着妻子，很快地就走到了前面。前面的道路正在翻修，所以坑坑洼洼，轮椅经过的时候开始不停地颠簸摇晃。见此，姑娘非常担心，害怕这对夫妻会不小心跌倒受伤，于是就赶忙加快脚步跟在他们后面，希望自己能帮上忙。

清晨的太阳渐渐地升上了天空。这对夫妻也停了下来，妻子情不自禁地拉起丈夫的手指向了太阳升起的地方，开心地说："你快看，今天的太阳又大又圆，真美啊！"丈夫满脸笑容地扬起头，朝着东方看去，久久地凝望着，一脸的幸福和满足在清晨阳光的照射下显得格外沧桑。"真好，我还有一双眼睛可以看到这世上美好的一切。"妻子动情地说。"是啊，真好，我还有健全的四肢，可以推着你看这美丽的朝阳和所有美好的事物。"丈夫开心地回应着。

此时此刻，仿佛整个世界都沉浸在这种温馨和宁静的美好之中，原本不幸的人生因为他们对生活的挚爱而变得格外美好。姑娘也一下子醒悟了过来，她忽然发现生命是这样美好，自己身上的这点不幸和他们比起来又算得了什么呢？

**在我们的生活中，那些最不幸和最幸运的人往往只是占据了极少数的一部分，而大多数的人通常都是处于中间的状态。在某一段的时间和范围内，你很可能是最不幸的那个人，但要是换在大范围内，你所遇到的这点不幸和其他人相比也许根本就算不了什么。痛苦是人生的一种体验，每个人都会有着不同的体验和感受。只要你把握住了其中的平衡点，那么你就不是那个最不幸的人。**

## 04 学会转念，把精神放在好事上

乐观的人说："夜色越是黑暗，星星也就越发明亮。"

一个杯子，从侧面看会是个长方形，从上面看会是个圆形。同样，每个人的生活也正如一个杯子一样，很多时候只要换一个想法、换一种心情或者是换一个角度，那么，同样的际遇就会给人带去不一样的影响。

安娜是一位年轻美丽的美国女人，刚结婚不久就随着丈夫到沙漠腹地参加军事演习。她独自一人留守在一间集装箱一样的小铁皮屋里，这里天气酷热，四周生活的也都是印第安人和墨西哥人，他们都不懂英语，所以无法和安娜进行交流。安娜感到十分孤独无助、焦躁难安，于是她写了一封信给自己的父母，告诉他们自己想要离开这个地方。

很快，安娜的父亲就给她回了信，信上面只写了一行字："两个人同时从牢房的铁窗口向外看，一个人只看到了满地的泥土，而另外一个人则看到了满天的繁星。"

刚开始的时候，安娜并没有理解父亲信中的含义。在反复读了好几遍以后，她才感到十分地惭愧，于是决定留下来在这片沙漠中寻找属于自己的那一片"繁星"。安娜不再像以前那么悲观消沉了，她开始积极地和当地人交往，学习他们的语言和风俗文化。她非常热爱当地的陶器和纺织品。由于安娜待人十分热情友好，所以当地人都愿意将自己珍藏已久的陶器和纺织品送给她做礼物。

这一切，都让安娜十分感动，同时也让她的求知欲与日俱增。她开始积极地投入研究沙漠植物的生长情况，甚至还掌握了有关土拨鼠的生活习性，并观赏起沙漠的日出日落情况，等等。

如此一来，原先缠绕着安娜的那些悲观和孤独也开始逐渐消失，取而代之的是积极的冒险和不断的进取。后来，安娜将自己的一些新发现和感触都写成了一本书。两年后，这本名叫《快乐的城堡》的书出版了，安娜终于通过自己的努力找到了属于自己的那一片“繁星”。

其实，原先的沙漠没有变，当地的居民也没有变，变的只是安娜个人的人生视角。视角不同也会让一个人变成另外一个人，并让人生也跟着不同。

有一对孪生的小姑娘，一起走进了一座玫瑰园。没过多久，其中一个小姑娘哭着跑了出来，对妈妈说：“这个地方坏透了，虽然里面有很多花，可是每朵花的下面都长有刺。”没多久，另外一个小姑娘也来到了妈妈的面前：“妈妈，妈妈，这个地方简直太棒了，每丛刺中都长有许多美丽的花。”

乐观的人说：“夜色越是黑暗，星星也就越发明亮。”悲观的人说：“星星愈是明亮，说明夜色愈是黑暗。”

世间万事万物都是存有多面性的，既有好的一面，也有不好的一面。关键就是要看你从哪个角度去观察。假如你看到的是事物积极美好的一面，那么你的心情就是快乐的；相反，你总是看事物中不好的一面，那么你的心情也会是痛苦和沮丧的。

古语有云：“人生不如意事，十之八九。”在日常生活中，我们难免会遇到一些挫折和打击，但是只要保持一种乐观开朗的态度、积极向上的想法、心平气和的心境，换一个视角去看待问题，那么你的生活将会呈现出一个晴朗明媚局面。

英国文学史上最颓废的厌世主义者约拿丹·史威佛特，每次在过生日的时候都会穿一身黑衣，并在餐桌上摆满了素食，以此表示对自己的出世感到遗憾。即便如此，他也依然热情地赞美着幸福快乐是促进健康的重要力量。

杰克和皮特是认识多年的好朋友。杰克如今住在纽约城内，曾经是皮特的演讲经纪人。一天，杰克在芝加哥碰见了久未见面的皮特，就好心好意地带皮特回到了纽约的一座农场。途中皮特问杰克如何才可以消除忧虑，于是，杰克就给皮特说了下面这样一个令人难忘的故事。

“我曾经是一个非常忧虑悲伤的人，”杰克慢慢地说道，“但是，十年前的一个春天，我走过纽约城内的一条街道时，有个情景让我一下子消除了所有的忧虑。整个事情发生的过程只有短短十几秒钟，可就是在一刹那，我对生命的意义有了全新的理解。这一切要比前些年所学到的还要多。最近这两年，我在纽约城内开了家杂货店，由于经营不善，不仅花光了我所有的积蓄，甚至还为此欠下了一大笔债务，估计要花上五六年的时间才可以偿还。我刚刚在上个星期六停止了营业，准备去银行贷款，以便在芝加哥再重新找份工作。我觉得自己是一个很失败的人，失去了所有的信心和斗志。

“忽然间，我看到有个人从街道的另外一头走了过来。那个人没有双腿，只是坐在一块安装着溜冰鞋滑轮的小木板上面，两只手各用木棍支撑着前行。他慢慢地横过街道，轻轻地提起小木板打算登上路边的人行道。就在那一刹那，我们的视线相遇了，只见他对我报以坦然的一笑，并非常有精神地向我打了声招呼：‘早安，先生，今天的天气真好啊！’我看着他，忽然意识到自己是多么地富有啊。我有健全的双足，可以到处行走，为什么我还要这样地悲观呢？这位失去了双腿的人都可以过得如此开心，我这个四肢健全的人还有什么做不到的呢？

“我打起了精神，原本只打算去银行借100元的，可是现在我改变主意了，我非常有信心地表示：我要到芝加哥去寻找一份工作。最后，我借到了钱，也顺利地找到了工作。”

从这个故事里我们能够体会到，很多时候，我们眼中所谓的痛苦和不幸其实算不了什么，只要你肯换一个视角去看一看周遭，你就会发现你并不是最不幸的那个人。

在我们的生活中，很多人都会在自己一帆风顺时，觉得生活美好幸福，而一旦遇到了挫折和困境，就会觉得生活充满了黑暗，甚至还会悲观消极得如同世界末日来临了一般。所以说，个人的主观性在一定程度上影响和改变着人们的日常生活和事业。